Katrin Böhning-Gaese
Jens Kersten, Helmuth Trischler

RETTET DIE VIELFALT

Manifest für eine biodiverse Gesellschaft

Klett-Cotta

Klimaneutral
Druckprodukt
ClimatePartner.com/53248-2208-1025

MIX
Papier | Fördert gute Waldnutzung
FSC® C014496
FSC
www.fsc.org

Klett-Cotta
www.klett-cotta.de
J. G. Cotta'sche Buchhandlung Nachfolger GmbH
Rotebühlstraße 77, 70178 Stuttgart
Fragen zur Produktsicherheit: produktsicherheit@klett-cotta.de

Gesetzt von C.H.Beck.Media.Solutions, Nördlingen
Gedruckt und gebunden von GGP Media GmbH, Pößneck
ISBN 978-3-608-96649-7
E-Book ISBN 978-3-608-12408-8

Bibliografische Information der Deutschen Nationalbibliothek
Die Deutsche Nationalbibliothek verzeichnet diese Publikation in der
Deutschen Nationalbibliografie; detaillierte bibliografische Daten
sind im Internet über http://dnb.d-nb.de abrufbar.

Inhalt

I. Entwicklung: Artenvielfalt und Artensterben

Wir sind Bürgerinnen und Bürger einer biodiversen Gesellschaft. Unser Leben ist existenziell von den anderen Lebewesen auf unserem Planeten abhängig, von Pflanzen und Tieren, Pilzen und Mikroorganismen. Und doch nehmen wir diese Existenzen oft nicht wahr, schätzen sie nicht wert, nutzen sie und ihre Leistungen mit größter Selbstverständlichkeit und zerstören gedankenlos Ökosysteme. Wer lebt mit uns auf dem Planeten? Es sind Millionen von Arten, die in Abermillionen von komplexen und miteinander verflochtenen Wechselwirkungen stehen. Der Wald zum Beispiel ist ein Lebensraum für zigtausende Lebewesen. Wenn wir auf dem Rücken auf dem Waldboden liegen und in die Baumkronen blicken, dann atmen wir den Sauerstoff ein, den die Bäume erzeugt haben. Die Bäume nutzen ihrerseits Pilze, um Nährstoffe im Boden aufzunehmen. Dafür liefern sie Zucker an die Pilze. Eine Wildbiene summt vorbei. Sie ist auf dem Weg zur nächsten Blüte, angelockt von Farbe, Nektar und Pollen. Sie transportiert Pollen und trägt damit zur Fortpflanzung der Pflanze bei. Ein Eichelhäher vergräbt ein paar Eicheln. Daraus werden – wenn der Vogel sie später nicht nutzt – Keimlinge. Der Wald wird sich natürlich regenerieren. Über Jahre und Jahrzehnte wachsen seine Bäume. Ihr Holz dient als Kohlenstoffspeicher, als Brennholz, als Nutzholz für Häuser, Tische und Stühle, für Papier und Musikinstrumente. Falls die Förster vor vielen Jahrzehnten die Entscheidung getroffen haben sollten, Fichtenmonokulturen zu pflanzen, dann ist alles Leben auf diesem Waldboden gefährdet. Die Bäume sterben, geschwächt von Dürre und Hitze, niedergestreckt von Borkenkäfern. Falls unser Wald an einem steilen Hang liegt, könnte das nächste große Gewitter den Boden ins Tal spülen. Die toten Bäume vermögen ihn nicht mehr festzuhalten. Im schlimmsten Fall rutscht der ganze Hang ab. Falls die Förster aber klug waren und einen Mischwald aus lokal angepassten Baumarten gepflanzt haben, kann man die Bäume jetzt ernten. Wenn man dabei umsichtig ist, werden die Keimlinge das Licht, das jetzt durch das offene Kronendach fällt, nutzen, nach oben schießen und die nächste Baumgeneration bilden. Wenn wir jedoch mit schweren Maschinen arbeiten, werden die Keimlinge zerquetscht. Der Boden wird verdichtet, und wir müssen mit viel Aufwand und hohen Kosten neue Keimlinge anpflanzen. Eine echte Überlebenschance haben diese nur, wenn es nicht zu viel Reh- und Rotwild gibt, wenn – möglicherweise gemeinsam mit Wölfen und Luchsen – die Wildbestände reguliert werden.

Es geht hier nicht um ein romantisches Idyll oder eine ökologische Utopie, sondern um die Realität unserer biodiversen Gesellschaft. Wir sind in ihr auf millionenfache Art und Weise mit unseren Mitlebewesen verbunden, in gegenseitiger Abhängigkeit, im Guten wie im Schlechten. Wie gelingt es uns, die anderen Arten in dieser biodiversen Gesellschaft wahrzunehmen? Wie können wir anfangen, biodivers zu denken und verantwortungsvoll zu handeln? Wie denken wir in dieser biodiversen Gesellschaft über die Natur, über

Risiken, Nachhaltigkeit und Infrastrukturen? Wie können die politischen Strukturen und wie muss die Rechtsordnung unserer biodiversen Gesellschaft aussehen? Wie müssen wir das Wissenschafts- und Wirtschaftssystem gestalten, damit dieses biodiverse Netzwerk aus Interaktionen, von dem wir abhängig sind, erhalten bleibt oder sogar gefördert wird?

Wir sind also Bürgerinnen und Bürger dieser biodiversen Gesellschaft. Deshalb gilt es, einen biodiversen Wirklichkeitssinn zu entwickeln und Verantwortungsstrukturen zu schaffen, um die durch uns selbst gefährdete Vielfalt zu retten und zu bewahren. Verantwortungsvolles Handeln beruht auf dem Wissen über Biodiversität und dem Willen, für die Bewahrung der Artenvielfalt zu sorgen. Deshalb müssen wir zunächst genau hinschauen, wenn wir verantwortungsvoll leben wollen: Was ist Biodiversität? Was meint Artenvielfalt? Welche Folgen hat der Verlust von Biodiversität?

Was ist Biodiversität?

Der Erdgipfel von Rio de Janeiro hat im Jahr 1992 versucht, ein gesellschaftliches und politisches Bewusstsein für den Schutz von Biodiversität auf der internationalen Ebene zu schaffen. Diese Konferenz der Weltkommission für Umwelt und Entwicklung der Vereinten Nationen hat das Übereinkommen über die biologische Vielfalt (Convention on Biological Diversity, CBD) verabschiedet. Um diesen internationalen Schutz zu entfalten, definiert das Übereinkommen die Biodiversität als »die Variabilität unter lebenden Organismen jeglicher Herkunft einschließlich u. a. terrestrischer, mariner und anderer aquatischer Ökosysteme und der ökologischen

Komplexe, zu denen sie gehören; dazu gehört die Vielfalt innerhalb der Arten, zwischen den Arten und von Ökosystemen« (Art. 2 CBD).

Dies ist eine komplexe Definition für einen komplexen Gegenstand. Deshalb sollte man sich vielleicht sogar die Zeit nehmen, diese Begriffsbestimmung mehrmals zu lesen. Biodiversität umfasst erstens die Vielfalt innerhalb der Arten, zweitens die Vielfalt der Arten und drittens die Vielfalt der Ökosysteme. Aus der dynamischen Entfaltung aller Facetten entsteht und entwickelt sich unsere biodiverse Lebenswelt. In Gesellschaft, Politik und Öffentlichkeit wird oft von Artenvielfalt gesprochen, um den »sperrigen« Begriff »Biodiversität« zu vermeiden. Dabei geht das Bewusstsein für die Komplexität verloren, die aber für ein umfassendes Verständnis von Biodiversität unbedingt notwendig ist. Artenvielfalt kann vergleichsweise gut erfasst werden. Dagegen ist die Diversität innerhalb der Arten – beispielsweise die genetische Diversität – nur mit aufwendigen Methoden messbar, und es gibt nur wenige Daten. Die Diversität von Ökosystemen ist grundsätzlich schwer quantifizierbar, da Ökosysteme räumlich kaum abgrenzbar sind. Deshalb ist ein Bewusstsein von Komplexität, ja, eine Leidenschaft für Komplexität wichtig, wenn wir in einer (weiterhin) biodiversen Welt leben wollen. Zugleich ist klar, dass wir noch sehr wenig darüber wissen, wodurch die Komplexität der biodiversen Lebenswelt geprägt wird. Wahrscheinlich werden wir niemals alles durchschauen. Wenn wir also im Folgenden von »Biodiversität« sprechen, dann nicht in dem vereinfachten Sinn von »Artenvielfalt«, sondern in dem komplexen Sinn der »biologischen Vielfalt mit all ihren Facetten«: der Vielfalt innerhalb der Arten, der Vielfalt der Arten und der Vielfalt der Ökosysteme.

Wie entwickelt sich Biodiversität?

Die Biodiversität auf der Erde hat sich über einen Zeitraum von Jahrmilliarden entwickelt. Neue Arten entstehen im Laufe erdgeschichtlicher Zeiträume durch kontinuierliche Veränderungen innerhalb von Arten und über Artbildung, also die Aufspaltung einer in zwei oder mehrere Arten. Im Lauf der Erdgeschichte lässt sich eine Tendenz zur Erhöhung der Artenvielfalt feststellen. Allerdings wurde und wird diese Entwicklung immer wieder durch Massenaussterben unterbrochen. Die Auslöser waren in der Vergangenheit geologische Ereignisse, etwa großflächiger Vulkanismus. Bisher kam es zu fünf Massenaussterben. Das letzte fand vor rund 66 Millionen Jahren statt und markiert den Übergang vom Erdmittelalter zur Erdneuzeit. Es wurde durch einen Asteroideneinschlag auf der Halbinsel Yucatán im heutigen Mexiko verursacht. Ihm fielen fast drei Viertel aller Tierarten zum Opfer, darunter – mit Ausnahme der Vögel – auch die Dinosaurier.

Diesen natürlichen Schwankungen in der Artenvielfalt steht in den vergangenen Jahrhunderten und vor allem in den letzten Jahrzehnten zunehmend ein Verlust von Biodiversität gegenüber, den allein der Mensch verursacht hat. Im ersten globalen Bericht des Weltbiodiversitätsrats (Intergovernmental Science-Policy Platform on Biodiversity and Ecosystem Services, IPBES) haben Expertinnen und Experten festgestellt, dass von den derzeit – grob geschätzt – acht Millionen Arten auf der Erde rund eine Million vom Aussterben bedroht sind.[1] Dabei ist das Maß an Bedrohung bei den verschiedenen Tier- und Pflanzengruppen unterschiedlich ausgeprägt. Am höchsten ist es mit 70 Prozent bedrohter

Arten bei Palmfarnen.[2] Auch Amphibien sind hochgradig gefährdet, also Frösche, Kröten und Lurche (41 Prozent bedrohte Arten), außerdem Haie und Rochen (37 Prozent bedrohte Arten) sowie riffbildende Korallen (36 Prozent bedrohte Arten). Darüber hinaus gehen die Bestände von Arten dramatisch zurück; Arten werden seltener. Dies sind die drohenden Vorboten zukünftigen Aussterbens; diese Arten können aber noch gerettet werden. Der Living Planet Index, der die Häufigkeit von Arten anhand ausgewählter Bestände von Wirbeltieren (Vögeln, Säugetieren, Amphibien und Reptilien) widerspiegelt, zeigt einen Rückgang um mehr als 70 Prozent über einen Zeitraum von fünfzig Jahren.[3] In Deutschland und Europa messen wir Rückgänge vor allem bei den Arten der Agrarlandschaft, das heißt auf Äckern, Wiesen und Weiden. Bei den Vögeln in Europa sind es fast 60 Prozent über einen Zeitraum von 37 Jahren.[4] Die Population der Feldlerche nahm in Deutschland in den letzten 25 Jahren um ca. 50 Prozent ab, die des Rebhuhns um 91 Prozent und die des Kiebitzes um 93 Prozent. Aber wie gesagt: Auch unter natürlichen Bedingungen sterben immer wieder Arten aus. Allerdings liegen die derzeitigen Aussterberaten mindestens zehn- bis hundertmal so hoch, einzelne Quellen setzen sie tausendfach so hoch an wie diejenigen der letzten zehn Millionen Jahre.[5]

Neben den Arten verschwinden auch natürliche Ökosysteme in einem dramatischen Umfang. Sie werden in vom Menschen genutzte und deshalb oft degradierte, das heißt in verarmte, weniger stabile Ökosysteme überführt. Die Hälfte aller Ökosysteme wurde bereits massiv verändert.[6] In den letzten dreißig Jahren ist weltweit die Ausdehnung natürlicher Wälder um eine Fläche zurückgegangen, die zwölfmal der Fläche der Bundesrepublik Deutschland entspricht.[7] In

Deutschland sind nur vier Prozent der früher ausgedehnten Moore Naturschutzflächen.[8] Selbst wenn wir das Artensterben sofort stoppen könnten, würde der massive Verlust in ferner Zukunft für Paläontologinnen und Paläontologen (so es diese dann geben sollte) in den Ablagerungen der Sedimente erkennbar sein. Wir blicken also in eine düstere und verarmte Zukunft.

Warum verschwindet Biodiversität?

Doch was sind genau die Ursachen für den Verlust der Biodiversität? Es gibt fünf wichtige direkt treibende Faktoren, die sogenannten »Big Five« des Biodiversitätsverlusts.[9] Auf Platz eins steht die *Landnutzung*. Dies bedeutet vor allem die Umwandlung natürlicher Lebensräume wie Wälder, Savannen, Graslandökosysteme oder Feuchtgebiete in landwirtschaftlich genutzte Flächen. Die Anbaufläche wird derzeit vor allem in tropischen Ländern massiv ausgedehnt. Dort fressen sich Soja- und Palmölplantagen sowie Viehweiden regelrecht in natürliche Ökosysteme hinein. In Deutschland und Europa lauten die Stichworte: intensive landwirtschaftliche Nutzung, hoher Einsatz von Dünge- und Pflanzenschutzmitteln, wenig diverse Fruchtfolgen, großflächige Monokulturen, Verlust strukturreicher Landschaften und das Verschwinden von Hecken, Einzelbäumen, Bachläufen und Brachflächen.[10] Auf Platz zwei der Gründe für den Verlust von Biodiversität steht die *Ausbeutung von Arten*, vor allem in den Weltmeeren. Mehr als 35 Prozent der kommerziell genutzten Fischbestände sind überfischt.[11] An Land spielt in erster Linie die Jagd nach Wild (bushmeat) in tropischen

Ländern eine wichtige Rolle. Der *Klimawandel* ist Ursache Nummer drei für den Verlust von Biodiversität. Allerdings trägt er derzeit nur in geringem Ausmaß zum Artensterben bei. Bisher ist kaum eine Art nachweislich an den Folgen des Klimawandels ausgestorben, dagegen hunderte oder tausende Arten an den Folgen der Lebensraumzerstörung und der Ausbeutung. Die Bedeutung des Klimawandels für die Bedrohung der Biodiversität wird aber in Zukunft sicher zunehmen. Vierter und fünfter Faktor für den Verlust von Biodiversität sind *Umweltverschmutzung* und das *Einwandern gebietsfremder, sogenannter exotischer Arten.* Bei der Umweltverschmutzung denkt man zunächst an Umweltgifte, an Ölkatastrophen oder Müll. Stattdessen ist die Verschmutzung durch Düngemittel der viel dramatischere Faktor. Überdüngung führt zu einer Verarmung von Pflanzengemeinschaften, zur Nährstoffanreicherung und dem »Umkippen« von Seen bis hin zu sauerstoffarmen »Todeszonen« in Meeren.[12] Exotische Arten sind dann für Ökosysteme und den Menschen gefährlich, wenn sie invasiv werden, sich ungehindert ausbreiten, andere Arten verdrängen oder Krankheitserreger übertragen.[13]

Hinter diesen direkten Einflussfaktoren stehen indirekte oder tiefliegende Ursachen, welche die oben genannten Landnutzungsänderungen und die Ausbeutung von Arten verursachen. Dazu gehören demografische und sozio-kulturelle Veränderungen, wie der Anstieg der Weltbevölkerung, der zunehmende Pro-Kopf-Konsum von natürlichen Ressourcen und eine weltweit mehr und mehr fleischbasierte Ernährung.[14] Weitere Faktoren sind ökonomische und technische Veränderungen, aber auch der Wandel von politischen Institutionen und Governance, das heißt Führungsstrukturen, soziale, wirtschaftliche und kriegerische Konflikte sowie

Epidemien. Einen entscheidenden wirtschaftlichen Faktor bilden beispielsweise die globalen Handels- und Lieferketten. Es ist eine relativ junge Entwicklung, dass sich die wohlhabenden Konsumgesellschaften so viele landwirtschaftliche Produkte aus dem Globalen Süden leisten: Kaffee, Tee, Bananen oder auch Fleisch und Wurst aus Schweinen und Rindern, die mit Soja aus Brasilien gefüttert wurden, was dort zum Verlust der Regenwälder und Savannen führt. So ist auch die globale Ungleichheit für den Rückgang der Biodiversität verantwortlich.

Welche Folgen hat der Verlust von Biodiversität?

Die Veränderungen der Biodiversität haben Folgen für das, was die Natur zum Leben der Menschen beiträgt: die sogenannten Ökosystemleistungen. In einer anthropozentrischen Perspektive, die auf die instrumentellen Werte der Natur für die Menschen fokussiert, bedeutet das:[15] Die Biodiversität ist die Existenzgrundlage für die Menschen. Fast alles, was Menschen nutzen, stellt die Biodiversität bereit. Der Weltbiodiversitätsrat IPBES – das Pendant zum Weltklimarat IPCC – unterscheidet zwischen regulierenden, materiellen und nicht-materiellen Beiträgen der Natur für die Menschen. Zu den materiellen Leistungen gehören Luft zum Atmen, sauberes Trinkwasser, Nahrung, Baustoffe, Energie, Fasern oder Medikamente. Zu den regulierenden Beiträgen zählen die Bestäubung, die Samenausbreitung und die natürliche Regeneration von Wäldern, die Regulierung von Klima, Wassermenge und -qualität und die Bildung fruchtbarer Böden. Insofern ist die Biodiversität so etwas wie der Maschinenraum der Ökosysteme. Sie sorgt dafür, dass die Ökosysteme die materiellen Leistungen für das Leben der Menschen erbringen. Schließlich liefert die Biodiversität ein breites Spektrum an nicht-materiellen Werten: Schönheit, Entspannung, Erholung und psychische Gesundheit, Spiritualität, Heimat und Identität. Die Veränderungen der Biodiversität haben gravierende Folgen. Nach wissenschaftlichem Konsens gehen von den 27 Unterkategorien an Beiträgen der Natur alle bis auf drei zurück. Die einzigen Leistungen, die ansteigen, sind Nahrungsmittel und Tierfutter, Energiepflanzen, wie Ölpalmen, und Materialien wie Baumwolle.[16] Andere materielle Leistungen sind auch reduziert, ganz eklatant die Fischbestände.

Die langfristigen Folgen dieses dramatischen Wandels und des drohenden zukünftigen Rückgangs der Biodiversität für den Menschen sind schwer abschätzbar. Nur selten hat der Verlust einzelner Arten unmittelbare, durchschlagende Folgen für das ganze Ökosystem. Ein Beispiel für eine solche Schlüsselart ist der Seeotter, der in den Küstenmeeren Kaliforniens, Oregons, Washingtons und Kanadas lebt.[17] Seine starke Bejagung Anfang des 20. Jahrhunderts führte zu einem deutlichen Rückgang dieser Art. Als Folge davon nahm der Bestand seiner wesentlichen Nahrungsgrundlage, der Seeigel, zu. Seeigel beweiden in diesen Küstenregionen Tangwälder aus Braunalgen, Kelp. Diese Kelpwälder sind der Lebensraum für eine große Zahl anderer Arten, beispielsweise von Jungfischen, Moostierchen, Schnecken, Muscheln oder anderen Algen. Mit dem Verschwinden der Seeotter verschwanden auch die Tangwälder und deren ganze Diversität. Nach einem Verbot der Bejagung erholten sich die Seeotterbestände wieder, und auch die Kelpwälder regenerierten sich.

Oft hat das Verschwinden einer einzelnen Art keine direkt messbaren Effekte für das Funktionieren eines Ökosystems. Allerdings besteht Konsens darüber, dass diverse Ökosysteme stabiler und resilienter als artenarme Ökosysteme sind: Je mehr Arten, desto weniger werden Ökosysteme durch Störungen verändert und desto schneller können sie danach wieder ihren Ausgangszustand erreichen.[18] Das sieht man beispielsweise bei unseren Wäldern. Monokulturen – vor allem an Fichten – wurden in den Hitzesommern 2018, 2019 und 2020 stark in Mitleidenschaft gezogen. So starb der Wald im Harz quadratkilometerweise. Demgegenüber kamen diverse Mischwälder vergleichsweise gut durch Dürre und Hitze. Ein ähnliches Muster erkennt man beim Vergleich einer diversen, blütenreichen Wiese mit einem Rasen, der nur aus wenigen Arten besteht. Eine diverse Wiese produziert immer Pflanzenbiomasse, egal, wie trocken oder feucht Frühjahr und Sommer sind. Der Rasen jedoch verkümmert oder stirbt ab, wenn er nicht regelmäßig gegossen wird. Man spricht vom Portfolio-Effekt: Er funktioniert wie das Portfolio eines Aktienfonds. Ein Fonds mit unterschiedlichen Aktien ist stabiler als die Fokussierung auf eine einzelne Aktie und damit eine ökonomische Monokultur.

Darüber hinaus liefern diverse Ökosysteme ein breiteres Spektrum an Beiträgen für Menschen und Tiere. Beim Anbau von Fichtenmonokulturen steht eine effektive Holzgewinnung im Vordergrund. In diversen Wäldern gibt es unterschiedliche Hölzer, Blätter, Früchte und Samen und damit Lebensraum für viel mehr Tier- und Pflanzenarten, und sie bieten den Menschen Erholung. Diverse Wiesen liefern nicht nur Pflanzenbiomasse, sondern locken mit bunten Blüten Schmetterlinge und Bienen an. Sie ernähren diese mit Nektar und Pollen sowie – später im Jahr – mit ihren Samen

Insekten und Vögel. Darüber hinaus bauen sie Humus auf und werden als ästhetischer wahrgenommen als monotone Grasflächen.

Kann der Verlust der Biodiversität beliebig lange weitergehen, oder gibt es planetare Grenzen? Gibt es Kipppunkte, bei deren Überschreitung das Erdsystem in einen kritischen Zustand springt, aus dem es nur mit erheblichem Aufwand oder nie mehr in den Ausgangszustand zurückgebracht werden kann?[19] Auch für Biodiversität und Ökosysteme existieren definitiv planetare Grenzen. Die Menge an Biomasse, die auf der Erde produziert werden kann, ist endlich. Allerdings ist derzeit unklar, ob für Biodiversität auf globaler Ebene klare planetare Kipppunkte existieren. Neueste wissenschaftliche Analysen aller bisher verfügbarer Daten sprechen eher dafür, dass der Verlust der Biodiversität zu kontinuierlichem Verlust der Leistungen der Ökosysteme führt.[20] Jeder Verlust einer Art erhöht das Risiko, dass die Leistungen der Biodiversität für die Menschen instabiler und schlechter werden.

Wie kann Biodiversität gefördert werden?

Angesichts der dramatischen Folgen, die der Rückgang an Biodiversität für die Menschen hat, gibt es eine Reihe wichtiger politischer, wissenschaftlicher und gesellschaftlicher Strategien und Maßnahmen, um einen weiteren Schwund aufzuhalten.

An erster Stelle stehen internationale Übereinkommen, etwa das Übereinkommen über die biologische Vielfalt aus dem Jahr 1992, das auf dem bereits genannten Erdgipfel in Rio beschlossen wurde und das in der Zwischenzeit 196 Nationen unterzeichnet haben.[21] Die 15. Vertragsstaatenkonferenz Ende 2022 in Montreal vereinbarte neue strategische Ziele und Maßnahmen für die Jahre 2030 und 2050.[22] Dabei geht es zum einen um Schutz und Förderung der Biodiversität. Bis zum Jahr 2030 sollen 30 Prozent der Land- und Meeresflächen unter Schutz gestellt werden (Ziel 3). Dabei ist darauf zu achten, dass der Schutz auch wirklich wirksam ist und dass die Rechte von indigenen Völkern und lokalen Gemeinschaften berücksichtigt und respektiert werden. Außerdem sollen bis zum Jahr 2030 30 Prozent der degradierten Land- und Meeresflächen wiederhergestellt werden (Ziel 2). Wichtig ist zum anderen eine nachhaltige Nutzung der Biodiversität. Dementsprechend sollen eine nachhaltige Land- und Forstwirtschaft sowie Fischerei gefördert werden (Ziel 10). Dazu gehört, dass das Risiko durch Pflanzenschutzmittel und gefährliche Chemikalien um mindestens 50 Prozent reduziert wird (Ziel 7). Schließlich muss die effektive Umsetzung dieser Ziele gewährleistet werden. So ist sicherzustellen, dass große und transnationale Unternehmen und Finanzinstitutionen ihre Abhängigkeit von Biodiversität, ihre Risiken wegen eines Verlusts der Biodiversität und ihren Fußabdruck auf die Biodiversität offenlegen (Ziel 15). Darüber hinaus müssen umweltschädliche Subventionen bis zum Jahr 2030 um mindestens 500 Milliarden Dollar pro Jahr reduziert werden (Ziel 18). Die reichen Länder sind dazu verpflichtet, die Länder des Globalen Südens bei der effektiven Umsetzung dieser Ziele und Maßnahmen bis zum Jahr 2030 mit 30 Milliarden Dollar pro Jahr zu unterstützen (Ziel 19). Hierauf werden wir wieder zurückkommen.

An zweiter Stelle spielen internationale institutionelle Schnittstellen zwischen Wissenschaft und Politik auch für den Schutz der Biodiversität eine zentrale Rolle. Der bereits genannte Weltbiodiversitätsrat IPBES[23] fasst den Stand des globalen Wissens über Biodiversität zusammen und entwickelt regionale und globale Handlungsoptionen. Darüber hinaus erarbeitet er Stellungnahmen zu einzelnen Themen, wie etwa zur Bestäubung und zu den Werten der Natur. Er entwickelt Modelle und Zukunftsszenarien der Biodiversität. Biodiversitätsmodelle sind mit Klimamodellen vergleichbar.[24] Sie spiegeln die bisherigen Veränderungen der Biodiversität und zeigen Entwicklungsszenarien auf. Auf diese Weise können sie uns Optionen für soziale, ökonomische und politische Entscheidungen veranschaulichen.

Ein wesentliches Ergebnis der bisherigen IPBES-Berichte ist, dass Schutz und Förderung der Biodiversität nicht mehr durch Einzelmaßnahmen zu erreichen sind. Das heißt: Die Einrichtung von Schutzgebieten und die Reduzierung von Pflanzenschutzmitteln sind zwar gute und notwendige Maßnahmen. Sie reichen aber nicht aus, um die Biodiversität zu erhalten. Stattdessen wird eine sozial-ökologische Transformation gefordert, also eine fundamentale, systemweite Umgestaltung der ganzen Gesellschaft, das heißt von Zivilgesellschaft, Wirtschaft und Wissenschaft, Politik und Staat.[25] Die oben genannten globalen Biodiversitätsmodelle können zeigen, welche Maßnahmen notwendig sind, um die Biodiversität bis zum Jahr 2050 wieder zu erhöhen. Erstens müssen wir die Natur besser schützen. Dafür sind nicht nur große Schutzgebiete nötig, in denen übrigens durchaus Menschen leben und wirtschaften dürfen, sondern auch Renaturierung, also die Wiederherstellung von Ökosystemen. Zweitens brauchen wir eine produktive, aber nachhaltige Land- und Forstwirtschaft und Fischerei. In Bezug auf Produktivität besteht in einigen Ländern des Globalen Südens durchaus Verbesserungsbedarf, in Bezug auf Nachhaltigkeit dagegen insbesondere in den Konsum- und Wohlstandsgesellschaften. Drittens müssen wir unsere Ernährungsgewohnheiten und unser gesamtes Ernährungssystem ändern. Es ist notwendig, die Verschwendung von Lebensmitteln zu reduzieren; und für Länder wie Deutschland ist es unumgänglich, zu einer stärker pflanzenbasierten Ernährung zu finden.[26]

In Deutschland hat der die Bundesregierung beratende Wissenschaftliche Beirat Globale Umweltveränderungen (WBGU) bereits im Jahr 2011 auf die Notwendigkeit einer solchen großen Transformation hingewiesen. Der WBGU betont, dass diese nur realisiert werden könne, wenn ein neuer Gesellschaftsvertrag zwischen Regierungen und Bürgerinnen und Bürgern innerhalb und außerhalb der Grenzen des Nationalstaats geschlossen würde. Seither hat der WBGU in seinen periodischen Gutachten diese Forderung mit Nachdruck erneuert und Wege aufgezeigt, wie eine solche Transformation gelingen kann. Für den WBGU ist Biodiversitätsschutz nichts weniger als der Schlüssel für die Transformation zur Nachhaltigkeit: Deutschland müsse hier als Vorbild vorangehen und international Führung beweisen.[27]

Es ist eine große politische Herausforderung, derartige grundlegende sozial-ökologische Transformationen anzustoßen. Wenn sozial-ökologische Systeme gezielt verändert werden sollen, ist es hilfreich, zwischen flachen und tiefen Eingriffen (shallow and deep interventions) zu unterscheiden. Entsprechend können Veränderungen bei flachen und tiefen Hebelpunkten des Systems (shallow and deep leverage points) beginnen.[28] Flache Hebelpunkte setzen an einzelnen Parametern der biodiversen Entwicklung an, beispielsweise an der Altersstruktur eines Waldes oder an Feedback-Zyklen, etwa an dem Zeitraum, bis zu dem ein See Nährstoffe absorbieren kann, bevor ein Kipppunkt erreicht wird. Tiefe Hebelpunkte sind auf das umfassende Design des sozial-ökologischen Systems ausgerichtet, also zum Beispiel auf die Struktur von Informationsflüssen, wie dem Wissen der Verbraucherinnen und Verbraucher über die Herkunft eines Produkts, oder an der Regulierung des Wirtschaftssystems, etwa an Subventionen oder Steuern für die Herstellung von Produkten. Zu den tiefen Hebelpunkten gehören auch die Ziele der Maßnahmen. Was ist beispielsweise das politische Ziel von Subventionen? Ist es die Förderung der Wirtschaft oder der Gesundheit von Menschen und Natur? Auf welchen gesellschaftlichen Denkmustern und Paradigmen basieren die Maßnahmen? Bisher beruhen Maßnahmen, die zum Schutz der Biodiversität ergriffen werden, eher auf flachen Hebelpunkten, beispielsweise dem Einrichten von Schutzgebieten. Dagegen werden Veränderungen in der Regulierung des Systems, wie die Nutzung von Subventionen, um in der Landwirtschaft Gemeinwohlleistungen zu belohnen, oder der Abbau von naturschädlichen Subventionen, kaum genutzt. Noch seltener sind Maßnahmen, die an den Zielen des Systems, an Denkmustern oder Konsumstilen und kollektiven Verhaltensweisen ansetzen. Zugegebenermaßen sind diese tiefen Hebelpunkte – vor allem diejenigen, die sich auf die Veränderung von Denkmustern und Lebensstilen beziehen – politisch sehr schwer greifbar und umsetzbar. Nichtsdestotrotz haben Ansätze an tiefen Hebelpunkten ein grundlegendes Potential, wirklich nachhaltige und langfristige Veränderungen in Richtung einer neuen, biodiversen Mensch-Natur-Beziehung zu bewirken.

Einen solchen tiefen sozial-ökologischen Hebelpunkt unseres sozialen, kulturellen und ökonomischen Lebens möchten wir mit dem Begriff einer biodiversen Gesellschaft vorschlagen, in der Natur und Menschen zukunftsfähig zusammenleben. Dieses zukunftsfähige Zusammenleben werden wir in den Begriff des »biodiversen Konvivialismus« fassen, um individuelle und soziale Denkmuster zu entfalten und ökologische und ökonomische Paradigmen zu entwickeln, mit denen sich die biodiverse Gesellschaft beschreiben, verstehen und gestalten lässt. Dementsprechend schlagen wir ein neues Verständnis von konvivialer Nachhaltigkeit vor, das unser Denken über das Zusammenwirken von ökologischer Daseinsvorsorge, Infrastrukturen und Politik, Recht, Wissen und Wirtschaft in einer wahrhaft biodiversen Gesellschaft prägen kann.

II. Begriff: Die biodiverse Gesellschaft

Durch die Vernichtung von Biodiversität bedrohen die Menschen das Leben auf der Erde. Wir sägen also nicht nur an dem Ast, auf dem wir sitzen, sondern fällen gleich den ganzen Baum. Wenn wir den Verlust von Biodiversität stoppen wollen, müssen wir unsere Leben ändern, individuell wie kollektiv, sowohl lokal als auch global. Dies stellt eine der größten Herausforderungen für die praktische Philosophie, die rechtliche Gestaltung und die politische Praxis dar. Denn es müssen Gewohnheiten und Routinen durchbrochen genauso wie Verhalten und Strukturen verändert werden. Die notwendige Transformation unserer Wohlstandsgesellschaft in eine biodiverse Gesellschaft beginnt deshalb im Kopf: Wir müssen zunächst einmal begreifen, dass wir nicht die religiös abgesicherte »Krone der Schöpfung«, sondern neben allen anderen Arten Teil einer biodiversen Gesellschaft sind, welche sich nach den Grundsätzen der biologischen Vielfalt in all ihren Facetten entfaltet: in der Vielfalt innerhalb der Arten, zwischen den Arten und der Ökosysteme.

Es geht also für uns Menschen darum, im Einklang mit der Natur zu leben. Dies ist die Vorstellung eines biodiversen Konvivialismus. Das lateinische Wort *convivere* bedeutet *zusammenleben.* Der Begriff »Konvivialismus« wurde zunächst verwendet, um das dynamische Verhältnis von Menschen und Technik zu beschreiben.[1] Doch angesichts der ökologischen Krisen des Biodiversitätsverlusts, der Klimakatastrophe und Umweltverschmutzung bekommt der Begriff des »Konvivialismus« eine ganz neue Qualität: Er beschreibt die Voraussetzungen und Formen eines *zukunftsfähigen Zusammenlebens von Menschen und Natur.*

So messen beispielsweise die Entwicklungssoziologen Bram Büscher und Robert Fletcher dem konvivialen Zusammenleben von Menschen und Natur eine zentrale Bedeutung zu, um den Naturschutz innovativ zu gestalten.[2] Was dieses konviviale Verständnis des Verhältnisses von Mensch und Natur für eine biodiverse Gesellschaft genau bedeutet, lässt sich am besten anhand des konvivialistischen Manifests verdeutlichen. Es ist von der konvivialistischen Internationalen verfasst worden, in der sich Wissenschaftlerinnen und Wissenschaftler sowie Intellektuelle aus einer Vielzahl von Ländern zusammengefunden haben. Im Jahr 2013 wurde in einer ersten Fassung des Manifests versucht, die »Philosophie der Kunst des Zusammenlebens«[3] für eine zukunftsfähige Gesellschaft zu beschreiben. Diesen Anspruch hat das zweite Manifest im Jahr 2020 noch einmal programmatisch verstärkt, indem es die ökologischen Dimensionen von Konvivialität sehr viel pointierter definiert hat. Vier Punkte dieses Manifests sind von programmatischer Bedeutung. Erstens verfolgt es einen umfassenden Gesellschaftsbegriff, der neben den Menschen auch die Natur einschließt.[4] Zweitens entfaltet es den konvivialistischen Imperativ, die menschliche »Hybris zu beherrschen«.[5] Die Menschen können nur dann verantwortungsvoll miteinander und mit der Natur zusammenleben, wenn sie sich individuell und kollektiv selbst beschränken. Drittens hält es fest, dass die Menschen von der Natur abhängig sind. Der Mensch hat sich zum Herrn und Besitzer der Natur aufgeschwungen, um diese zu beherrschen und auszubeuten. Doch die ökologische Katastrophe führt uns vor Augen, dass die Menschen die Natur nicht beherrschen, sondern von ihr abhängig sind. Deshalb formuliert das konvivialistische Manifest eine ökologische »Abhängigkeitserklärung«[6] der Menschen von der Natur: Erst wenn die Menschen ihre Abhängigkeit von der Natur realisieren, werden sie ihr Verhältnis zu ihr nach dem Grundsatz von Gabe und Gegengabe verantwortlich gestalten.[7]

Hieran kann das Verständnis der biodiversen Gesellschaft unmittelbar anknüpfen. Dieses geht ebenfalls von einem weit gefassten Gesellschaftsbegriff aus, der nicht mehr durch anthropozentrische Hybris bestimmt wird. Wenn wir bisher gemeinhin von der »Gesellschaft« sprechen, ist dieser Begriff ausschließlich auf Menschen bezogen. Wir mögen hier differenziert haben, indem wir von lokalen, föderalen, nationalen und supranationalen Gesellschaften sprechen oder uns – in globaler Perspektive – auf die Weltgesellschaft beziehen. Die biodiverse Gesellschaft bricht jedoch mit diesem Gesellschaftsbild. Sie bindet die Biodiversität in all ihren Facetten ein: Die biodiverse Gesellschaft besteht aus der Vielfalt innerhalb der Arten, der Vielfalt der Arten und der Vielfalt der Ökosysteme. Wir Menschen sind Teil dieser biodiversen Gesellschaft. Damit erkennen wir nicht nur den Eigenwert der Biodiversität an, sondern auch unsere Abhängigkeit von der Biodiversität. Wenn wir dieses konviviale Zusammenleben in einer biodiversen Gesellschaft näher beschreiben und verstehen wollen, erweist sich die »Diversität« als der biologische, soziale und kulturelle Schlüsselbegriff: Die biodiverse Gesellschaft entfaltet sich in einer ganzen Vielfalt von Menschen, Naturen und Kulturen.

Menschen, Naturen, Kulturen

In den Naturwissenschaften haben sich – vor allem auf der Grundlage der Berichte des Weltbiodiversitätsrats und aufgrund der dadurch motivierten internationalen wissenschaftlichen Zusammenarbeit – der Begriff der Natur und das Verständnis der Mensch-Natur-Beziehungen erweitert. Biodiversität ist zu einem interdisziplinären und interkulturellen Schlüsselbegriff geworden, der heute für ein umfassendes Konzept der vielfältigen Verhältnisse von Menschen und Natur(en) steht.

In Anknüpfung an die oben dargestellte breite Definition ist der Begriff der »Biodiversität« für eine konzeptionelle Entfaltung der komplexen Beziehungen zwischen Menschen und Natur(en) immer stärker ausdifferenziert worden. So sind die Werte der Natur über die oben dargestellten anthropozentrischen Werte hinaus, die auf die Werte der Natur für die Menschen fokussieren, deutlich erweitert worden. Im Wertebericht des Weltbiodiversitätsrats von 2022 wird nun zwischen anthropozentrischen, ökozentrischen, plurizentrischen und kosmologischen Weltbildern und Wissenssystemen unterschieden.[8] Diese bestimmen wiederum breite

Wertesysteme: Wohlstand und Lebensunterhalt, Zugehörigkeit und Gesundheit, Fürsorge und Verantwortung sowie Einheit und Einklang mit der Natur. Diese wiederum führen zu speziellen Bewertungen der Bedeutung der Natur in spezifischen Situationen. Zum einen kann man hierbei die bereits genannten instrumentellen Werte der Natur für die Menschen in den Vordergrund stellen, das heißt den Nutzen der Natur für die Menschen, die Bedeutung der Natur als Ressource und Kapital, die der Befriedigung der Bedürfnisse und Präferenzen der Menschen dient. Zum anderen lassen sich die intrinsischen Werte der Natur herausstellen: der Eigenwert der Biodiversität als moralischer Wert, aber auch die eigene Handlungsmacht (*agency*) der nicht-menschlichen Organismen. Schließlich können die relationalen Werte betont werden, die wechselseitigen Beziehungen zwischen Menschen und nicht-menschlichen Organismen, welche eine zentrale Rolle für ein wünschenswertes, bedeutungsvolles menschliches Leben spielen.

Schauen wir uns das an einem konkreten Beispiel an: Der Wert eines Flusses mit allen seinen Lebewesen könnte sich unter multiplen Weltbildern, Wissens- und Wertesystemen für verschiedene Menschen in jeweiligen Situationen ganz unterschiedlich darstellen. In einer anthropozentrischen, auf Wohlstand und Lebensunterhalt der Menschen ausgerichteten, instrumentellen Perspektive wird vor allem der ökonomische Wert der Fischbestände in den Blick genommen: »Wie viel kann ich mit den Fischen verdienen?« Eine anthropozentrisch auf Zugehörigkeit und Wohlfahrt ausgerichtete, instrumentelle Perspektive wird die Erholung am Fluss und den damit verbundenen Gewinn an Gesundheit betonen: »Ich sitze am Fluss, weil ich mich dort wunderbar entspanne.« Ein ökozentrischer Ansatz mit dem Leitprinzip der Fürsorge und

Verantwortung und einer Betonung intrinsischer Werte stellt das Existenzrecht der Fische in den Vordergrund: »Die Fische haben das gleiche Recht zu leben wie die Menschen.« Ein pluri- oder kosmozentrischer Ansatz, der sich an der Einheit der Natur und am Leben im Einklang mit der Natur orientiert, würde mit einer Betonung relationaler Werte Fische als Teil der eigenen menschlichen Verwandtschaft sehen. »Die Fische sind Verwandtschaft; wenn Du Dich um die Lachse sorgst, dann sorgen die Lachse für Dich!«

Im Zusammenhang mit diesem konzeptionellen Ansatz einer umfassenden Biodiversitätspolitik eröffnen sich neue Visionen für ein gutes Zusammenleben von Menschen und Natur(en).[9] So haben sich unter dem Stichwort der »Nature Futures« drei Konzepte herauskristallisiert: Das Konzept »Natur für den Menschen« (*nature for society*) vertritt einen anthropozentrischen Ansatz und fokussiert damit auf die Beiträge der Natur(en) für die Menschen. Das Konzept »Natur für die Natur« (*nature for nature)* folgt einem bio- bzw. ökozentrischen Ansatz, der auf dem intrinsischen Wert der Natur besteht. Das Konzept »Natur als Kultur, Leben im Einklang mit der Natur, Menschen eins mit der Natur« (*nature as culture, living in harmony with nature, people one with nature*) versteht den Menschen als integralen Bestandteil der Natur und unterstreicht dementsprechend den reziproken Charakter der Mensch-Natur-Beziehungen. Nimmt man diese drei Konzepte insgesamt in den Blick, so schließen sie sich keineswegs gegenseitig aus, sondern sie können sich mit ihrer jeweiligen Eigenrationalität gegenseitig verstärken. Zugleich tragen unterschiedliche Kulturen zu dem großen Reichtum an – teils spannungsreichen, teils aber auch komplementären – Perspektiven auf ein gutes (Zusammen-) Leben von Menschen und Natur(en) bei.

Vor diesem Hintergrund wird deutlich, warum der biodiverse Konvivialismus ein so zentrales Konzept ist, um die biodiverse Gesellschaft in ihrem ganzen Reichtum an Mensch-Natur-Beziehungen zu beschreiben und zu gestalten.

1. Der Mensch ist eine von – nach derzeitigem Wissen grob geschätzt – acht Millionen Arten auf der Erde. Er ist im Laufe der Evolution zusammen mit diesen Arten entstanden.

2. Der Mensch ist mit allen anderen Arten auf vielfältige Weise vernetzt. Er wird auf vielfältigste Weise durch alle anderen Arten beeinflusst und beeinflusst seinerseits auf vielfältigste Weise alle anderen Arten.

3. Der Mensch und die Natur(en) sind durch ein breites Spektrum materieller und ideeller Beziehungen verbunden, das durch eine große kulturelle Vielfalt unterschiedlicher Weltbilder, Wissens- und Wertesysteme geprägt wird.

4. Der Mensch ist nicht nur für alle anderen Menschen, sondern auch für alle anderen Arten verantwortlich, weil dies für ein gutes gemeinsames Leben notwendig, klug und gerecht ist.[10] Der Begriff der Klugheit spiegelt dabei das Eigeninteresse der Menschen und die instrumentellen Werte der Natur. Die Gerechtigkeit liegt in der Anerkennung der intrinsischen Werte nichtmenschlicher Lebewesen und Arten. Das gute Leben bedeutet die Würdigung der relationalen Werte der Natur, die zentrale Rolle der Natur für ein wünschenswertes, bedeutungsvolles menschliches Leben.

Damit erweitert der biodiverse Konvivialismus unser Verständnis von Gesellschaft in quantitativer und qualitativer Hinsicht. Unsere Gesellschaft wird größer, weil auch Tiere, Pflanzen und Pilze sowie Ökosysteme Mitglieder werden. In qualitativer Hinsicht verändert sich unser Gesellschaftsverständnis, weil wir es nicht mehr schlicht hierarchisch (Mensch = Subjekt, Naturen = Objekte) verstehen können, sondern das Verhältnis einer Vielzahl von Akteurinnen und Akteuren relational entfalten.

Von der Risikogesellschaft zur vulnerablen Gesellschaft

Die biodiverse Gesellschaft ist darauf ausgerichtet, dass vor allem die Menschen im Einklang mit der Natur leben. Doch dies darf nicht mit einer harmonistischen Utopie verwechselt werden. Vielmehr treten soziale, ökonomische und ökologische Konflikte auf, die für Natur und Menschen risikoreich, gefährlich und schädlich sind. Wir müssen einen Wandel in unserem Gesellschaftsverständnis konstatieren: In den 1970er und 1980er Jahren ist die Industriegesellschaft zur Risikogesellschaft geworden, die sich heute unter dem Eindruck ökologischer Krisen und Katastrophen zu einer vulnerablen Gesellschaft weiterentwickelt.

Schauen wir uns diese Entwicklung genauer an:[11] Den Wandel der Industriegesellschaft zur Risikogesellschaft hat der Soziologe Ulrich Beck beschrieben. In seinem programmatischen Werk *Risikogesellschaft* zeigt er den »Weg« in »eine andere Moderne« auf.[12] Das Buch wurde im Jahr 1986 veröffentlicht, in dem die Reaktorkatastrophe von Tschernobyl die Wahrnehmung von Risiken grundlegend veränderte. Während sich die Industriegesellschaft mit der sozialen Frage – also mit Armut, Arbeit, sozialer Sicherheit und gesellschaftlicher Teilhabe – auseinandersetzte, besteht die wesentliche Herausforderung der Risikogesellschaft im Umgang mit wissenschaftlich, technisch und ökonomisch produzierten Risiken. Neben der Reaktorkatastrophe von Tschernobyl hat das Konzept der Risikogesellschaft aber auch die anderen Umweltrisiken für das individuelle und gesellschaftliche, das lokale und globale Leben in den Blick genommen. In der Tradition von Rachel Carson betont Ulrich Beck die Gefährdung von Menschen, Pflanzen und Tieren durch Pflanzenschutzmittel. Mit diesem Wandel ging ein neues Gesellschaftsverständnis einher. Während in der Industriegesellschaft die treibende Kraft »Ich habe Hunger!« hieß, lautete sie in der Risikogesellschaft: »Ich habe Angst.«[13] Risiken sind – so Becks Grundthese – so vielfältig geworden, dass sie unsere Gesellschaft definieren. Während sich die Industriegesellschaft auf die Gewährleistung von sozialen und technischen Infrastrukturen konzentrierte, lautet die neue Formel: Risikoprävention + Restrisiko = Risikogesellschaft.

Doch mit dieser Formel lässt sich unsere Gesellschaft nicht mehr angemessen beschreiben: Erstens haben wir den Begriff des »Risikos« bzw. der »Risikogesellschaft« in unserem Alltagsverständnis so abgenutzt, dass wir selbst evidente Gefahren – wie beispielsweise durch die Kernenergie und den Atommüll – und sich abzeichnende Katastrophen und längst eingetretene Schäden – wie den Verlust der Biodiversität oder den Klimawandel – noch als »Risiken« verstehen wollen, also als Entwicklungen, deren Realisierung keineswegs sicher, aber auch nicht vollkommen ausgeschlossen ist.[14] Zweitens zeichnet sich die Risikogesellschaft durch eine

»Apokalypse-Blindheit«[15] aus. Sie rechnet eigentlich nicht damit, dass die schlimmstmögliche Entwicklung auch wirklich eintritt. Dies kommt beispielsweise in der Einschätzung des atomaren Restrisikos durch das Bundesverfassungsgericht zum Ausdruck: »Ein Schadensereignis apokalyptischen Ausmaßes [...] muss als mögliche Konsequenz eines wissenschaftlichen Vorhabens nach dem Stand von Wissenschaft und Technik praktisch ausgeschlossen sein.«[16] In Wirklichkeit tritt aber dieser *worst case* immer wieder ein, wie insbesondere die Reaktorkatastrophen von Harrisburg, Tschernobyl und Fukushima gezeigt haben. Es gilt also: »Restrisiken« sind Risiken → Risiken realisieren sich → Risiken sind Gefahren, die verdrängt werden!

Wir brauchen also einen Neuansatz, um mit Risiken, Gefahren und Schäden umzugehen.[17] Die biodiverse Gesellschaft ist vulnerabel: Erstens bezieht sich die Vulnerabilität nicht wie die Risikogesellschaft allein auf Menschen. Vielmehr nimmt sie die Vulnerabilität aller Arten (einschließlich des Menschen) und aller Ökosysteme in den Blick. Zweitens liegt der Fokus nicht allein auf den Risiken, sondern schließt ausdrücklich Gefahren und bereits eingetretene Schäden ein. Drittens begreift die biodiverse Gesellschaft ihre Vulnerabilität aus der Konvivialität von Menschen, Naturen und Kulturen. Sie versteht also Risiken, Gefahren und Schäden als Beeinträchtigungen und Störungen des hochkomplexen und zugleich sehr dynamischen biodiversen Konvivialismus, also der Vielfalt innerhalb der Arten, zwischen den Arten und Ökosystemen. Da alle Arten ein verwobenes Netz des Lebens bilden, ist der Mensch auf vielfache Weise mit einer großen Zahl anderer Arten verbunden; er hat Einfluss auf andere Arten, und andere Arten haben Einfluss auf ihn.

Viertens reagiert die biodiverse Gesellschaft auf Beeinträchtigungen und Störungen ihrer konvivialen Verfassung mit Preparedness und Resilienz:[18] Die Strategie der Preparedness lässt sich als evolutionärer Lernprozess begreifen, um auf befürchtete Schadensereignisse vorbereitet zu sein. Die Strategie der Resilienz umschreibt die Fähigkeit, in Krisensituationen zugleich Widerstandskraft und Anpassungsfähigkeit zu entfalten. Je resilienter sich Arten und Ökosysteme gegenüber Störungen erweisen, desto besser sind sie auf Krisen und Katastrophen vorbereitet. Je besser Arten und Ökosysteme auf Krisen und Katastrophen vorbereitet sind, als desto resilienter können sie sich erweisen. In der Wechselwirkung von Preparedness und Resilienz vermögen also diverse Arten, Artengemeinschaften und Ökosysteme durch Adaptation, Evolution und Austausch der Arten auf Krisen und Katastrophen zu reagieren. Auf eine Formel gebracht: Vulnerabilität der biodiversen Gesellschaft erfordert Preparedness und Resilienz.

Wir verstehen die biodiverse Gesellschaft also als eine positive, hoffnungsvolle Gesellschaft, in der Klugheit, Gerechtigkeit und ein gutes Leben für den Menschen und alle Mitlebewesen eine konstitutive Rolle spielen. Wir formulieren als Triebkraft für die biodiverse Gesellschaft: »Wir leben und gestalten gemeinsam«. Im ersten Kapitel über Artenvielfalt und Artensterben haben wir aufgezeigt, wie eng die Verflechtungen des Menschen mit den anderen Arten sind. Es ist deutlich geworden, wie abhängig der Mensch von den regulierenden, materiellen und ideellen Leistungen der Natur ist, und zwar ökonomisch, gesundheitlich und kulturell. Zugleich müssen wir aber auch konstatieren, wie stark der Mensch die Biodiversität und Ökosysteme nutzt und damit oft schädigt. Deshalb möchten wir in diesem Kapitel zeigen, dass Mensch und Natur auch eine gute, eine positive Beziehung führen können, dass ein Respektieren der anderen Arten zu besserer Koexistenz aller Arten und zu größerer Stabilität und Resilienz des gesamten Systems führt.

In den letzten Jahrzehnten sind zehntausende Studien durchgeführt und publiziert worden, die den negativen Einfluss des Menschen auf die Natur untersucht und immer wieder bestätigt haben. Damit hat sich das Bild verfestigt, dass der Effekt des Menschen auf die Natur grundsätzlich schlecht ist. Als Robin Wall Kimmerer, Botanikprofessorin und Mitglied der Potawatomi, einer indigenen Nation in Nordamerika, ihre Studentinnen und Studenten an der State University of New York fragte, welche negative oder positive Wirkung Menschen auf die Natur haben, war die Antwort fast ausschließlich: einen negativen und sicher keinen positiven Einfluss.[19] Robin Wall Kimmerer war diese Denkweise fremd. In den Geschichten ihrer Nation wird die Rolle der Menschen für die Natur vom Grundsatz her anders gesehen: Der Mensch hat positive Wirkung auf die Natur, wenn sein Handeln von Respekt, Verantwortungsgefühl und Reziprozität, also Gegenseitigkeit, getragen ist. Wurden beispielsweise Ahornbäume für den Nutzen der Menschen gefällt, so geschah dies nach Ernteregeln und nach gründlicher Reflexion. Es wurden nur einzelne Bäume gefällt, und am gleichen Ort wurden Ahornsamen ausgesät, um die Regeneration der Bäume zu fördern.[20]

Durch kluge, nachhaltige Nutzung der Natur wurden in vielen Regionen der Erde, auch in Deutschland, Kulturlandschaften geschaffen, die über Jahrhunderte durch ein Miteinander von Menschen und Natur geprägt waren und in denen sowohl der Mensch als auch Pflanzen und Tiere vergleichsweise gut zusammenlebten und noch heute zusammenleben. Konkrete Ausprägungen einer nachhaltigen landwirtschaftlichen Nutzung sind der Ökolandbau oder andere Formen einer auf Biodiversität achtenden Landwirtschaft. Ein übergeordnetes Prinzip dieser Nutzungen ist die Diversität der Landnutzungen (Ackerbau, Viehhaltung, Hecken, Wald), der Kulturen (Getreide, Hülsenfrüchte, Obst, Gemüse) und der Sorten (vielfältige Apfel- und Birnensorten) in der Landschaft und im Betrieb. Diese Diversität führt zwar im Mittel zu geringerer Effektivität und zu niedrigeren Erträgen. Allerdings ermöglicht diese Art der Landnutzung größere Stabilität und Resilienz des Agrarökosystems und stabilere Erträge, insbesondere unter stressvollen Bedingungen wie Dürren oder Hitzewellen.

Der Umbau einer ausschließlich auf Produktivität und Effektivität ausgerichteten Landwirtschaft auf Diversität und Resilienz ist möglich. Mittlerweile werden in Deutschland elf Prozent der landwirtschaftlichen Flächen ökologisch bewirtschaftet, Tendenz steigend.[21] Das 2017 gestartete F.R.A.N.Z.-Projekt zur Verbesserung der Artenvielfalt in der Agrarlandschaft beweist, dass eine schnelle Erhöhung der Biodiversität durch angepasste Maßnahmen auch im konventionellen Landbau möglich ist. Ein ähnliches Prinzip erleben wir derzeit bei der Waldentwicklung. Diverse Wälder haben eine nachweisbar höhere Resilienz gegenüber Dürren, und zwar weltweit.[22] Nachdem über Jahrzehnte Monokulturen produktiver, ertragreicher Baumarten wie der Fichte oder Kiefer gefördert worden sind, wird jetzt auch in Deutschland wieder auf Diversität von Baumarten gesetzt und vertraut.[23] Dabei spielen auch seltene Baumarten wie Elsbeere und Speierling oder die schon von den Römern eingeführten Walnussbäume und Esskastanien wieder eine Rolle.

Aber auch Maßnahmen des Menschen, vom Einrichten von Naturschutzgebieten über die Renaturierung von Mooren oder Mangroven bis zur Kontrolle invasiver Arten, können positive Wirkung auf die Biodiversität entfalten. In einer aktuellen Analyse wurde gezeigt, dass Naturschutzmaßnahmen in zwei Dritteln der Fälle zu einer Verbesserung der Biodiversität führten.[24] Die Natur kann sich wieder erholen, oft erstaunlich schnell! Und der Mensch kann dabei die ausschlaggebende Rolle spielen, durch kluge, wirklich nachhaltige Nutzung, durch Schutzmaßnahmen, also durch die Bereitschaft, Natur »Natur sein zu lassen«, und durch Renaturierung. Es zeigt sich, dass für eine gute Koexistenz von Natur und Mensch beides notwendig ist: eine nachhaltige, aber produktive Land- und Forstwirtschaft und gleichzeitig der Schutz der Natur, das bedeutet Flächen, auf denen die Natur Vorrang hat und sich gegebenenfalls wieder erholt.[25]

Der biodiverse Gesellschaftsvertrag

Es gibt kein »Zurück zur Natur«. Deshalb müssen wir Menschen unser Verhältnis zur Natur verantwortlich gestalten. Die Grundsätze für unseren verantwortungsvollen Umgang mit der Natur können wir in einem neuen Gesellschaftsvertrag festhalten, an dem wir uns orientieren, um die Transformation von der Industriegesellschaft über die Risikogesellschaft zur biodiversen Gesellschaft nachhaltig zu gestalten.

Gesellschaftsverträge werden nicht in der Weise geschlossen, wie man einen Kauf-, Werk- oder Dienstvertrag abschließt. Vielmehr formulieren sie die Vorstellungen einer Gesellschaft über ihre zentralen Werte und Prinzipien und über ihre Entwicklung und Perspektiven. In der Regel vergewissert sich eine Gesellschaft in Krisen und nach Katastrophen, Reformationen und Revolutionen mit einem Gesellschaftsvertrag ihrer Regeln für das Zusammenleben. So hat Thomas Hobbes in seinem Buch *Leviathan* nach den Bürgerkriegen des 17. Jahrhunderts die Sicherheit als Grundlage eines neuen Gesellschaftsvertrags beschrieben, der die Gesellschaft befrieden sollte.[26] Sodann formulierte John Locke für die entstehende bürgerliche Gesellschaft des 18. und 19. Jahrhunderts einen Gesellschaftsvertrag, der mit der Freiheit und insbesondere dem Eigentum die individuelle Leistung des Einzelnen als Grundlage der Gesellschaft auswies.[27] Schließlich entwarf Jean-Jacques Rousseau einen Gesellschaftsvertrag, der zu einer der geistigen Grundlagen der demokratischen Revolutionen ab dem späten 18. Jahrhundert wurde.[28] Es wurden noch sehr viel mehr Gesellschaftsverträge formuliert. Diese drei sind aber nicht nur die berühmtesten, sondern zugleich auch die berüchtigtsten. Denn sie fassen äußerst ambivalente materielle und ideenpolitische Entwicklungen in die Form des jeweiligen Gesellschaftsvertrags: im Fall von Hobbes' starkem Souverän nicht nur eine Schutzmacht für die Bürgerschaft, sondern auch die Möglichkeit absoluter Herrschaft; im Lockeschen Fall nicht nur die Anerkennung individueller Leistungen der Menschen, sondern auch die Möglichkeit zu deren kapitalistischer Ausbeutung; und im Fall der Rousseauschen Demokratie nicht nur den Modus der kollektiven Herrschaft aller Bürgerinnen und Bürger, sondern auch die Möglichkeit des Totalitarismus.

Diese drei Gesellschaftsverträge gestalten sich jedoch nicht nur für die Menschen äußerst ambivalent, sondern auch für die Natur. Denn selbst wenn der »Naturzustand« des Menschen in allen drei Gesellschaftsverträgen ein zentrales Thema ist, blenden sie die Bedeutung der Natur völlig aus. Oder noch deutlicher: Es handelt sich um Gesellschaftsverträge zu Lasten und auf Kosten der Natur. Denn sie beschreiben mit der Sicherheit, dem Eigentum und der Demokratie die Grundlagen für die Entwicklung der westlichen kapitalistischen Industrie- und demokratischen Wohlfahrtsgesellschaften, die auf der Ausbeutung und Zerstörung der Natur beruhen und damit zugleich ihre eigenen ökologischen Lebensgrundlagen gefährden und vernichten.

Vor diesem Hintergrund müssen wir heute einen neuen Gesellschaftsvertrag für die biodiverse Gesellschaft formulieren, der die Natur schützt und zugleich den Menschen gerecht wird. Dieser Gesellschaftsvertrag der biodiversen Gesellschaft ist nicht umfangreich und auch nicht kompliziert. Er umfasst eine Präambel und drei Artikel. In seiner Präambel wird der Sinn und Zweck des neuen Gesellschaftsvertrags formuliert: Die Menschen versprechen, im Einklang mit der Natur zu leben. Um dieses konviviale Versprechen umzusetzen, erkennen die Menschen im ersten Artikel die Eigenwerte und zugleich auch die instrumentellen und relationalen Werte der biodiversen Lebenswelt an. Im zweiten Artikel reflektieren die Menschen ihre ambivalente Abhängigkeit von der biodiversen Lebenswelt: Einerseits sind die Menschen – wie alle anderen Arten auch – Teil der biodiversen Ordnung. Andererseits wird die biodiverse Lebenswelt durch die Menschen massiv verändert: zum einen gefährdet, weil diese in ihrem Eigeninteresse und Egoismus die biodiverse Lebenswelt ausbeuten und zerstören; zum anderen gefördert, weil Menschen durch kluges, gerechtes und gutes Handeln die anderen Arten der biodiversen Lebenswelt fördern können. Hieraus resultiert die Verantwortung, zu der sich die Menschen in der biodiversen Gesellschaft bekennen. Der dritte Artikel zieht die Schlussfolgerung, dass die biodiverse Gesellschaft entsprechend dem Prinzip der konvivialen Nachhaltigkeit die ambivalente Stellung der Menschen in der biodiversen Lebenswelt verantwortungsvoll und im Hinblick auf Gegenseitigkeit gestaltet. Auf der Grundlage dieses neuen Gesellschaftsvertrags entfaltet sich die biodiverse Gesellschaftsordnung. Damit dies gelingen kann, muss zunächst der konviviale Nachhaltigkeitsgrundsatz als das zentrale Leitprinzip der biodiversen Gesellschaft konkretisiert werden, das die Infrastrukturen, die Verfassung, die Wissensproduktion und die Wirtschaft der biodiversen Gesellschaft bestimmt.

III. Prinzip: Konviviale Nachhaltigkeit

Die biodiverse Gesellschaft ist nachhaltig. Das Nachhaltigkeitsprinzip stellt bereits heute ein Weltprinzip dar, das den Anspruch erhebt, alle gesellschaftlichen Lebensbereiche zu gestalten. Dabei herrscht ein dreidimensionales Nachhaltigkeitsverständnis vor: Es soll ein angemessener Ausgleich zwischen den sozialen, ökonomischen und ökologischen Interessen hergestellt werden. Doch mit diesem dreidimensionalen Verständnis von Nachhaltigkeit können wir nicht angemessen auf den Verlust der Biodiversität, die Klimakatastrophe und die Umweltverschmutzung reagieren. Denn ökologische Interessen werden zugunsten sozialer und ökonomischer Belange gewissermaßen weggewogen. Deshalb muss die biodiverse Gesellschaft ein neues Verständnis von Nachhaltigkeit entwickeln, das auf das zukunftsfähige Zusammenleben aller Arten einschließlich der Menschen auf dem gemeinsamen Planeten ausgerichtet ist. Über welche Konturen verfügt dieses konviviale Nachhaltigkeitsprinzip?

Von Hans Carl von Carlowitz zum Brundtland-Bericht

Das Nachhaltigkeitsprinzip blickt auf eine lange Geschichte zurück. Praktiken des nachhaltigen Handelns sind so alt wie die Menschheit und finden sich in allen Kulturen.[1] In Deutschland führt man den Begriff und das Konzept der Nachhaltigkeit auf die Forstwirtschaft des 17. und 18. Jahrhunderts zurück. Der sächsische Oberberghauptmann Hans Carl von Carlowitz hat in seinem Werk *Sylvicultura Oeconomica, Oder Hauswirthliche Nachricht und Naturmäßige Anweisung Zur Wilden Baum-Zucht* aus dem Jahr 1713 einen viel beachteten Grundsatz aufgestellt, der bis heute das nachhaltige Denken und Handeln prägt: Es »wird derhalben die gröste Kunst / Wissenschafft / Fleiß / und Einrichtung hiesiger Lande darinnen beruhen / wie eine sothane *Conservation* und Anbau des Holtzes anzustellen / daß es eine *continuir*liche beständige und nachhaltende Nutzung gebe / weiln es eine unentberliche Sache ist / ohne welche das Land in seinem *Esse* nicht bleiben mag.«[2] Die Pflege und die Nutzung von Naturgütern, die für das Leben von Menschen unentbehrlich sind, soll nach dem Grundsatz der »nachhaltenden Nutzung« so erfolgen, dass diese Güter einer Gesellschaft kontinuierlich zur Verfügung stehen. Dieses Prinzip der »nachhaltenden Nutzung« verbindet Vergangenheit, Gegenwart und Zukunft in einem Grundsatz der praktischen Vernunft: Wir handeln aufgrund der Erfahrungen unserer überschießenden Nutzungsansprüche nur dann verantwortlich, wenn wir die natürlichen Ressourcen heute so bewirtschaften, dass sie uns auch morgen noch zur Verfügung stehen. Aber Carlowitz verdeutlicht noch eine weitere Dimension der Nachhaltigkeit, die ebenfalls bis heute von zentraler Bedeutung ist. Eine »nachhaltende Nutzung« von Naturgütern ist nur in einem institutionellen Rahmen möglich, den er als »gröste Kunst / Wissenschafft / Fleiß / und Einrichtung hiesiger Lande« beschreibt. »Nachhaltende Nutzung« stellt erstens eine »große Kunst« dar, die man professionell beherrschen sollte. Sie bedarf zweitens der »Wissenschaft« und damit fachlicher und vor allem auch fachübergreifender Expertise, wenn sie erfolgreich sein möchte. Sie ist drittens auf »Fleiß« angewiesen, sodass man sie nicht ohne eigene Anstrengung und beharrliche Leistung praktizieren kann; und sie braucht viertens eine »Einrichtung«, also einen institutionellen Rahmen, in dem diese verantwortungsvolle Gestaltung der Zukunft dauerhaft politisch und rechtlich gewährleistet ist. In einem Satz zusammengefasst: Nachhaltigkeit ist ein vorsorgliches Prinzip der Zukunftsgestaltung, das durch verantwortungsvolles Handeln und Wirtschaften die Maßlosigkeit des menschlichen Bedarfs nach Naturgütern begrenzt.

Wenn heute praktisch überall von Nachhaltigkeit gesprochen wird, ist dies vor allem das Verdienst der Weltkommission für Umwelt und Entwicklung. Diese nahm im Jahr 1983 unter dem Vorsitz von Gro Harlem Brundtland ihre Arbeit auf und legte im Jahr 1987 den Bericht über »Our Common Future« vor, in dem sie nachhaltige Entwicklung wie folgt definiert: »Nachhaltige Entwicklung (*sustainable development*) ist eine Entwicklung, die die Bedürfnisse der heutigen Generation befriedigt, ohne die Möglichkeiten künftiger Generationen zu gefährden, ihre eigenen Bedürfnisse zu befriedigen.«[3] Ausgehend von diesem Verständnis des Brundtland-Berichts hat sich die Nachhaltigkeit zu einem ethischen, politischen und ökonomischen Weltprinzip entwickelt. Der

Grundsatz der nachhaltigen Entwicklung prägt die Politiken der Vereinten Nationen und der Europäischen Union. Auch in Deutschland spielt das Nachhaltigkeitsprinzip eine zentrale Rolle, wenn es um die Gestaltung der Sozial-, Wirtschafts- und Umweltpolitik geht. Auf der verfassungsrechtlichen Ebene ist der Befund allerdings eher dünn. Aber immerhin haben die Länder Hessen und Schleswig-Holstein das Nachhaltigkeitsprinzip und mit ihm zugleich die Generationengerechtigkeit in ihre Landesverfassungen aufgenommen.[4] Im Grundgesetz wird das Nachhaltigkeitsprinzip nicht ausdrücklich erwähnt. Es ist jedoch durch Verfassungsauslegung der Staatszielbestimmung »Umweltschutz« zu entnehmen: Der Staat schützt auch in Verantwortung für die künftigen Generationen die natürlichen Lebensgrundlagen und die Tiere im Rahmen der verfassungsmäßigen Ordnung durch die Gesetzgebung und nach Maßgabe von Gesetz und Recht durch die vollziehende Gewalt und die Rechtsprechung (Art. 20 a GG). Im Gegensatz zu dieser etwas altbackenen Regelung des deutschen Grundgesetzes hat beispielsweise die Bundesverfassung der Schweizerischen Eidgenossenschaft (BV) das Nachhaltigkeitsprinzip sehr viel programmatischer entfaltet. So bekennt sich die Schweizerische Eidgenossenschaft aus Verantwortung gegenüber den künftigen Generationen zu einer nachhaltigen Entwicklung ihres Landes (Präambel, Art. 2 Abs. 2 BV). Der Bund und die Kantone streben ein auf Dauer ausgewogenes Verhältnis zwischen der Natur und ihrer Erneuerungsfähigkeit einerseits und ihrer Beanspruchung durch den Menschen andererseits an (Art. 73 BV). Die nachhaltige Führung privater Unternehmen soll gesetzlich geregelt werden (Art. 95 Abs. 3 BV). Der Bund sorgt für eine nachhaltige Produktion in der Landwirtschaft (Art. 104 Abs. 1 Satz 1 BV). Schließlich sollen mit Blick auf die Ernährungssicherheit grenzüberschreitende Handelsbeziehungen zur nachhaltigen Entwicklung der Land- und Ernährungswirtschaft beitragen (Art. 104a lit. d BV).

Kritik der nachhaltigen Vernunft

Nun ist es sicherlich sehr positiv, dass sich der Nachhaltigkeitsgrundsatz zu einem Weltprinzip entwickelt hat, dass er Eingang in globale, europäische und nationale Politiken findet und dass er Gesellschafts- und Verfassungsordnungen prägt.[5] Doch diese scheinbare Selbstverständlichkeit, mit der wir das Nachhaltigkeitsprinzip heute praktisch überall antreffen und gebrauchen, provoziert eine kritische Rückfrage: Wie kann es sein, dass sich der ökologische Zustand des Planeten so katastrophal verschlechtert, wenn heute praktisch überall das Nachhaltigkeitsprinzip zur Anwendung kommt? Dies gilt nicht nur mit Blick auf den dramatischen Verlust der Biodiversität, sondern auch auf die Klimakatastrophe und die globale Umweltverschmutzung. Die Antwort auf diese kritische Rückfrage fällt sehr ernüchternd aus. Es sind vor allem drei Gründe, warum das Nachhaltigkeitsprinzip keine durchschlagende ökologische Wirkung entfaltet: Erstens leistet sich unsere Gesellschaft eklatante ökologische Wahrnehmungsdefizite; zweitens weist das aktuell vorherrschende, dreidimensionale Nachhaltigkeitsverständnis äußerst riskante und gefährliche ökologische Durchsetzungsdefizite auf, und drittens hat sich der Nachhaltigkeitsbegriff durch seinen ubiquitären Gebrauch zu einem inhaltsleeren »Gummibegriff« entwickelt, der für fast jede beliebige Maßnahme herhalten muss, auch wenn sie eher dem »Greenwashing« dient, als ernsthafte ökologische Ziele zu verfolgen.

Wenn eine Gesellschaft ökologisch nachhaltig handeln möchte, muss sie zunächst die Natur umfassend wahrnehmen. Doch stattdessen erlauben wir uns sehr weitgehende Wahrnehmungsdefizite, die unmittelbare Folgen für die Durchsetzung ökologischer Interessen haben. Denn was man – aus welchem Grund auch immer – nicht wahrnimmt, das setzt man nicht durch. In unserer Gesellschaft stehen deshalb eher soziale und ökonomische Interessen im Vordergrund. Auf den ersten Blick mag es überraschend klingen, dass wir unter solchen ökologischen Wahrnehmungsdefiziten leiden. Ist denn nicht dauernd vom »Klimawandel« die Rede? Sicherlich, die Klimakatastrophe ist in der Öffentlichkeit omnipräsent und prägt die aktuellen gesellschaftlichen und politischen Debatten. Wir sehen ihre Auswirkungen in den Medien, und wir erfahren sie auch in Deutschland mittlerweile ganz unmittelbar am eigenen Leib in Form von Hitzewellen und Dürren, Stürmen und Überschwemmungen. Sie lässt sich nicht mehr leugnen, selbst wenn die Versuche unübersehbar sind, angesichts des russischen Überfalls auf die Ukraine und des Nahostkonflikts sowie der Wirtschafts- und Haushaltskrise die Klimakatastrophe (wieder) gesellschaftlich und politisch in den Hintergrund zu drängen. Zudem ist die Klimakatastrophe lediglich eine von vielen ökologischen Krisen. Dennoch blenden wir nach wie vor ökologische Entwicklungen, Krisen und Katastrophen aus.

Katastrophal wirkt sich auch die Ignoranz aus, die wir uns mit Blick auf den dramatischen Verlust der Biodiversität leisten. Anders als die persönlich spürbare Klimakatastrophe vollzieht sich das heimatliche wie globale Artensterben still und schleichend.[6] Das hat die Meeresbiologin Rachel Carson mit ihrem Buch *Silent Spring* (1962) deutlich gemacht, das zu einem Ausgangspunkt der US-amerikanischen Umweltbewegung wurde.[7] Die Natur verstummt einfach; und dieses ökologische Verstummen muss erst einmal im sozialen und ökonomischen Getöse unserer Gesellschaft wahrgenommen werden. Oder es müssen – wie im Fall des Sterbens der Wildbienen – Ökosystemleistungen ausfallen, die wir für selbstverständlich halten, bevor sich ein allgemeines Problembewusstsein entwickelt, das über den Kreis von Expertinnen und Experten hinausgeht. Im Gegensatz zu den heute bereits schwindelerregenden ökonomischen Schadensbilanzen der Klimakatastrophe wird der Verlust der Biodiversität in Gesellschaft und Wirtschaft nur sehr langsam und verzögert als ein zentrales Problem wahrgenommen. Der Grund dafür liegt auf der Hand: Der Biodiversität wird in unserem Gesellschafts- und Wirtschaftssystem (bisher) kein gesellschaftlicher oder ökonomischer Wert zugemessen, obwohl Ökosystemleistungen insbesondere im Wirtschaftssystem einen unschätzbaren Wert haben. Die Ernährungswirtschaft ist ein Beispiel dafür: Sie beruht zu einem Drittel auf Pflanzen, die durch Tiere bestäubt werden, was schätzungsweise einem jährlichen Marktwert zwischen 235 und 557 Milliarden Dollar entspricht.[8] Aber da für diese Ökosystemleistung kein Geld fließt, ist sie scheinbar umsonst zu haben. So ist die Biodiversität zum »Stiefkind der Nachhaltigkeit« geworden. Es gehört zu den zentralen Aufgaben der biodiversen Gesellschaft, die ökologischen Wahrnehmungsdefizite zu beenden und eine holistische Perspektive auf die eigentliche – die biodiverse – Gesellschaft zu eröffnen.

Doch unsere Gesellschaft leidet nicht nur an ökologischen Wahrnehmungsdefiziten, zudem weist unser Nachhaltigkeitsverständnis auch Durchsetzungsprobleme auf. Der Grund für diese Unterbilanz des nachhaltigen Denkens und Handelns wird deutlich, wenn man sich das Schutzgut, den Zweck und den Gehalt des aktuellen Nachhaltigkeitsverständnisses vor Augen führt, das seit dem Brundtland-Bericht vorherrscht: Das Schutzgut des Nachhaltigkeitsprinzips ist nicht die Natur und damit auch nicht die Biodiversität. Es ist vielmehr darauf ausgerichtet, eine »nachhaltige Entwicklung« (*sustainable development*) zu gewährleisten, die allerdings von den Zielen der Wohlfahrtsstaaten des Globalen Nordens bestimmt wird.[9] Der Zweck des Nachhaltigkeitsprinzips ist (deshalb) auf den schonenden Umgang mit natürlichen Ressourcen in einer ausschließlich anthropozentrischen Perspektive ausgerichtet. Es geht also nicht darum, der Natur und damit auch der Biodiversität einen Eigenwert oder relationalen Wert zuzumessen, sondern allein darum, ihren dauerhaften Nutzen für uns Menschen sicherzustellen. Der Gehalt des Nachhaltigkeitsprinzips schließt sich wiederum an seinen Schutzgegenstand – die nachhaltige Entwicklung – und an seinen Zweck – die kontinuierliche Ressourcengewährleistung für die Menschen – an. Dementsprechend herrscht seit den 1980er Jahren das bereits erwähnte dreidimensionale Nachhaltigkeitsverständnis vor, das einen angemessenen Ausgleich zwischen den sozialen, ökonomischen und ökologischen Interessen herstellen soll.[10]

Doch dieses dreidimensionale Nachhaltigkeitsverständnis entfaltet heute mit Blick auf praktisch alle zentralen ökologischen Herausforderungen keine normative Steuerungswirkung mehr.[11] Dafür sind wiederum drei Gründe verantwortlich. Erstens ist das dreidimensionale Nachhaltigkeitsverständnis inhaltlich sehr flexibel und normativ instabil.[12] Es ist allein eine politische Frage, welche der drei Dimensionen in einer Gesellschaft besonders betont wird.

Die anderen Dimensionen »akzeptieren« sodann »einfach« diese politische Schwerpunktsetzung, ohne auf ihrem Eigenwert zu beharren. Wenn beispielsweise eine Gesellschaft in ihrer Entwicklung einen ökonomischen Schwerpunkt setzt, passen sich die sozialen und ökologischen Dimensionen an diese politische Entscheidung an. Es ist für das dreidimensionale Nachhaltigkeitsverständnis allein ausschlaggebend, dass im Ergebnis ein nachhaltiger Mehrwert für die gesellschaftliche Entwicklung erzeugt wird. Ein Mehr an sozialer oder ökonomischer Entwicklung kann folglich ein Weniger an ökologischer Entwicklung rechtfertigen. Das Motto des dreidimensionalen Nachhaltigkeitsbegriffs lautet zugespitzt: »Hauptsache, es wird insgesamt irgendwie nachhaltiger.« Vor diesem Hintergrund ist es nicht verwunderlich, dass die ökologischen Interessen bei der Anwendung des dreidimensionalen Nachhaltigkeitsbegriffs regelmäßig zugunsten der sozialen und ökonomischen Entwicklung in der Abwägung »hinten runterfallen«; diese Entscheidungen gelten gleichwohl als »nachhaltig«.

Zweitens suggeriert der dreidimensionale Nachhaltigkeitsbegriff die Gleichgewichtigkeit der sozialen, ökonomischen und ökologischen Entwicklung, die jedoch faktisch, politisch und rechtlich keineswegs gegeben ist:[13] Es besteht kein Gleichgewicht, weil die Gesellschaft in Wirklichkeit durch sehr große soziale, ökonomische und ökologische Unterschiede geprägt wird, wobei es regelmäßig um die ökologische Entwicklung am schlechtesten bestellt ist. Es existiert auch kein politisches Gleichgewicht, weil die sozialen und ökonomischen Interessen im Vergleich zu ökologischen Belangen im politischen System sehr viel effektiver organisiert sind. Dies ermöglicht es Agrar-, Arbeitnehmer-, Arbeitgeber-, Handels-, Industrie- und Bankenlobbys, ihre sozialen und ökonomischen Interessen in der Öffentlichkeit, aber auch in Gesetzgebungs- und Verwaltungsverfahren effektiv zu artikulieren und durchzusetzen. Naturschutzverbände, die sich für ökologische Belange engagieren, stehen dem letztlich hilflos gegenüber. Die Vertretung sozialer und ökonomischer Belange ist tief in den Institutionen unserer Demokratie verankert. Demgegenüber bleiben ökologische Interessen »draußen vor der Tür«. Dies zeigt sich gerade auch darin, dass keine »juristische Waffengleichheit« – wie dies Juristinnen und Juristen nennen – besteht: Soziale und ökonomische Akteurinnen und Akteure verfügen über umfassenden Grundrechtsschutz, mit dem sie im gerichtlichen Rechtsschutz gegen nachhaltige Entscheidungen vorgehen können, die sie belasten. Sie können sich insbesondere auf die Wirtschaftsfreiheit (Art. 12 Abs. 1 GG) und die Eigentumsgarantie (Art. 14 Abs. 1 GG) berufen, während die Natur in der Bundesrepublik über keine vergleichbaren Rechte verfügt.

Drittens verfällt das dreidimensionale Nachhaltigkeitsverständnis in Sprachlosigkeit, wenn es um die großen ökologischen Herausforderungen unserer Zeit geht. So lässt sich über den dramatischen Verlust der Biodiversität schlicht nichts Nachhaltiges (mehr) sagen, wenn man den dreidimensionalen Nachhaltigkeitsbegriff zugrunde legt. Der Versuch, soziale, ökonomische und ökologische Interessen gegeneinander abzuwägen, um eine nachhaltige Lösung zu finden, scheitert auch mit Blick auf die Klimakatastrophe und die globale Umweltverschmutzung, insbesondere der Meere. Was die sogenannte »friedliche« Nutzung der Kernenergie angeht, so ist der dreidimensionale Nachhaltigkeitsbegriff sogar in doppelter Hinsicht falsch: Zum einen gibt es absolut nichts Nachhaltiges an den Reaktorkatastrophen von Harrisburg (1979), Tschernobyl (1986) und Fukushima (2011). Zum anderen kann niemand behaupten, dass die Entsorgung des Atommülls aus knapp fünfzig Jahren der »friedlichen« Nutzung der Kernenergie für eine Million Jahre (§ 1 Abs. 2 Satz 2 Standortauswahlgesetz) irgendetwas mit Nachhaltigkeit zu tun hat.[14] Diese Aufzählung von Fällen, in denen das dreidimensionale Nachhaltigkeitsprinzip an seine Grenzen stößt, ließe sich problemlos fortsetzen und würde immer wieder auf denselben Punkt zurückkommen: Das konservative Nachhaltigkeitsprinzip mit seiner Abwägung sozialer, ökonomischer und ökologischer Interessen vermittelt keine normative Orientierung.

Neue Ansätze nachhaltigen Denkens

Diese Kritik am dreidimensionalen Nachhaltigkeitsprinzip ist immer wieder formuliert worden;[15] und doch hält man auf der globalen, europäischen und nationalen Ebene nach wie vor daran fest. So wird immer wieder vorgebracht, dass es die notwendigen Kompromisse zwischen sozialen, ökonomischen und ökologischen Interessen ermöglicht. Doch dieses Argument übersieht den entscheidenden Punkt: Die Natur verhandelt nicht mit uns. Die angeblich »notwendigen« ökologischen »Kompromisse«, die zugunsten der sozialen und ökonomischen Interessen für nachhaltig gehalten werden, sind der Natur gleichgültig. Das dreidimensionale Nachhaltigkeitsverständnis suggeriert also nur, dass alles einen nachhaltigen Gang geht, während die globale ökologische Entwicklung bereits katastrophale Ausmaße angenommen hat. Dies ist auch auf politischer Ebene nicht unbemerkt geblieben. Aus diesem Grund haben die Vereinten Nationen mit der Agenda 2030 insgesamt 17 Ziele für nachhaltige Entwicklung formuliert.[16] Diese Sustainable Development Goals (SDG) umfassen: 1. keine Armut, 2. kein Hunger, 3. Gesundheit und Wohlergehen, 4. hochwertige Bildung, 5. Geschlechtergerechtigkeit, 6. sauberes Wasser und sanitäre Einrichtungen, 7. bezahlbare und saubere Energie, 8. menschenwürdige Arbeit und Wirtschaftswachstum, 9. Industrie, Innovation und Infrastruktur, 10. weniger Ungleichheiten, 11. nachhaltige Städte und Gemeinden, 12. nachhaltiger Konsum und nachhaltige Produktion, 13. Maßnahmen zum Klimaschutz, 14. Leben unter Wasser, 15. Leben an Land, 16. Frieden, Gerechtigkeit und starke Institutionen, 17. Partnerschaften zur Erreichung der Ziele. Doch die Formulierung dieser hehren Ziele genügt nicht. Denn man kann den UN-Nachhaltigkeitszielen die asymmetrischen Konflikte, die zu Lasten der ökologischen Interessen gehen, weiterhin unmittelbar ablesen. Auch verfügt die Weltgemeinschaft über kein Instrument, um diese Konflikte effektiv anzugehen, solange sie an dem dreidimensionalen Verständnis von Nachhaltigkeit festhält.

Angesichts der ökologischen Entwicklung, Krisen und Katastrophen, die sich immer weiter zuspitzen, genügt es nicht, lediglich den Ausfall der gesellschaftlichen, politischen und rechtlichen Steuerungswirkung des Nachhaltigkeitsprinzips zu konstatieren. Vielmehr kommt es darauf an, ein neues Verständnis von Nachhaltigkeit für die biodiverse Gesellschaft zu entwickeln. Vor allem zwei konzeptionelle Ideen haben die Diskussion über die Zukunft der Nachhaltigkeit innovativ bereichert: die Bewahrung des Naturkapitals und die Betonung der Ökosystemleistungen.

Das Konzept der »starken« Nachhaltigkeit hat sich aus einer Kritik des »schwachen« dreidimensionalen Nachhaltigkeitsbegriffs entwickelt.[17] Es unterstreicht die Notwendigkeit, das Naturkapital unseres Planeten zumindest zu erhalten und besser noch zu vermehren. Dies bedeutet, dass ökologische Interessen in nachhaltigen Abwägungsentscheidungen nicht mehr durch soziale und ökonomische Interessen substituiert werden dürfen. Es gilt vielmehr die »Constant Natural Capital Rule« (CNCR), die dafür sorgen soll, dass das Naturkapital nicht nur bewahrt, sondern auch durch ökologische Investitionen verbessert wird. Aus diesem Grund legt das Konzept der starken Nachhaltigkeit besonderen Wert auf die investive Stärkung der Regenerationsfähigkeit der Natur.[18]

Das Konzept der Ökosystemleistungen unterstreicht die zentrale Bedeutung des Naturkapitals und der Leistungen, die von Ökosystemen für Menschen erbracht, aber nicht angemessen gewürdigt werden.[19] Dies gilt auch für die Biodiversität, deren Entfaltung sich auf das soziale und ökonomische Leben von Menschen auswirkt.[20] Wir haben die Leistungen von Biodiversität und Ökosystemen bereits im ersten Kapitel vorgestellt. Neben materiellen Gütern, die der Mensch aus der Natur bezieht, wie Nahrung, sorgt die Biodiversität dafür, dass diese Leistungen von Ökosystemen überhaupt erst zur Verfügung gestellt werden können, nicht zuletzt in Form von Freude, Erholung und Gesundheit.[21] Diese Leistungen werden in einigen wenigen Fällen direkt monetarisiert, zum Beispiel, wenn lokale Gemeinschaften dafür bezahlt werden, dass sie auf den Schutz von Wassereinzugsgebieten achten, damit flussabwärts Wasser als Trinkwasser oder für die Bewässerung zur Verfügung steht.[22] Allerdings lassen sich die meisten Ökosystemleistungen nicht einfach monetarisieren, weil (bisher) keine Märkte für diese Leistungen existieren. In den letzten Jahren wurde der Ansatz, Leistungen der Natur ökonomisch zu bewerten, zunehmend kritisiert. Dies führte zu einer Re-Konzeptionalisierung der Ökosystemleistungen als »Beiträge der Natur für die Menschen« (*nature's contributions to people*), wodurch ein stärker holistisches und weniger instrumentelles Verhältnis von Mensch und Natur betont werden soll.[23]

Das konviviale Nachhaltigkeitsprinzip

Wir haben bereits gesehen, dass die Menschen in der biodiversen Gesellschaft im Einklang mit der Natur leben wollen. Um dies umzusetzen, knüpft die biodiverse Gesellschaft an zentrale Ideen des konvivialistischen Manifests an und konturiert so ihr Konzept eines biodiversen Konvivialismus. Das biodiverse Zusammenleben von Natur und Menschen tritt im Gesellschaftsvertrag der biodiversen Gesellschaft an die Stelle menschlicher Hybris. Die Menschen erkennen die vielfältigen Werte der Biodiversität und ihre Abhängigkeit von der Biodiversität an. Diese Idee kann die Gesellschaft dann aufgreifen, um ein neues Verständnis von Nachhaltigkeit zu entwickeln. Dafür muss sie das Schutzgut, den Zweck und den Gehalt des Nachhaltigkeitsgrundsatzes mit Hilfe konvivialer Prinzipien und Konzepte neu bestimmen. So ist das Schutzgut konvivialer Nachhaltigkeit nicht mehr die soziale, ökonomische und ökologische Entwicklung der Menschen, sondern die gemeinsame Entfaltung aller Arten (einschließlich der Menschen) auf einem geteilten Planeten. Der Zweck der Nachhaltigkeit besteht in der Gewährleistung der Zukunftsfähigkeit einer weitverstandenen biodiversen (Welt-)Gesellschaft. Aber klingt dies nicht utopisch? Keineswegs! Denn wir finden bereits heute auf internationaler und nationaler Ebene rechtliche Regelungen, die Politik und Verwaltung zu konvivialem Handeln anleiten sollen und tatsächlich auch schon anleiten.[24] Das wichtigste Beispiel dafür ist auf der internationalen Ebene das Kunming-Montreal Global Biodiversity Framework (GBF), das der »Weltnaturgipfel« in Montreal im Jahr 2022 verabschiedet hat.[25] In dessen grundlegender Vorschrift heißt es: »Die biologische Vielfalt ist von fundamentaler Bedeutung für das menschliche Wohlergehen, einen gesunden Planeten und wirtschaftlichen Wohlstand für alle Menschen, auch für ein Leben im Einklang mit Mutter Erde. Wir sind auf sie angewiesen, wenn es um Nahrung, Medizin, Energie, saubere Luft und Wasser, Sicherheit vor Naturkatastrophen sowie Erholung und kulturelle Inspiration geht, und sie unterstützt alle Lebenssysteme auf der Erde« (Nr. 1 GBF). Diese Regelung geht von einem konvivialen Verständnis von Natur und Menschen aus. Sie personifiziert die Werte der Natur als »Mutter Erde«. Zugleich unterstreicht Nr. 1 GBF die umfassende Abhängigkeit der Menschen von der Biodiversität. Deshalb fordert das Global Biodiversity Framework die Menschen auf, mit »Mutter Erde« in Balance und im Einklang zusammenzuleben.

In dieser Vorschrift kommt die zweistufige Struktur des konvivialen Gesellschaftsvertrags zum Ausdruck: Der erste Artikel des konvivialen Gesellschaftsvertrags erkennt die vielfältigen Werte der Natur und insbesondere der Biodiversität an. Wenn es zu Konflikten der Biodiversität mit sozialen und ökonomischen Interessen kommt, ist deshalb auf die Vulnerabilität der einzelnen Akteurinnen und Akteure der biodiversen Gesellschaft zu achten: auf Pflanzen, Tiere, Menschen und Ökosysteme einschließlich ihrer Wechselwirkungen mit der unbelebten Natur, wie Gestein, Wasser, Luft und Klima. Auf dieser Grundlage lässt sich beispielsweise zwischen einem sicheren, robusten und einem gefährdeten Status von Arten und Ökosystemen differenzieren, um über deren Stabilität, Erholung, Schutz und Nutzung zu entscheiden.

Der zweite Artikel des konvivialen Gesellschaftsvertrags umfasst die verantwortungsvolle Gestaltung der wechselseitigen Abhängigkeit der Menschen von der Natur. Er reflektiert folglich speziell den ambivalenten Status der Menschen in der biodiversen Gesellschaft: Einerseits sind sie Teil der biodiversen Gesellschaft, da sie mit ihrer ganzen Existenz auf die Natur und die Biodiversität angewiesen sind. Andererseits wird die biodiverse Gesellschaft durch die Menschen verändert. Sie wird gefährdet, weil die Menschen aufgrund ihrer sozialen und ökonomischen Interessen die Natur ausbeuten und die Biodiversität zerstören. Die biodiverse Gesellschaft wird aber auch durch die Menschen gefördert, wenn diese ein gutes, bedeutungsvolles Leben führen, dieses auch anderen Arten ermöglichen und Ökosysteme bewahren und wiederherstellen. Deshalb müssen die Menschen ihre Abhängigkeit von der Natur und damit ihre Stellung in der biodiversen Gesellschaft verantwortungsvoll gestalten. Wir haben gesehen, dass das konvivialistische Manifest diesen verantwortungsvollen Umgang der Menschen mit der Natur in die Idee von Gabe und Gegengabe fasst. Die biodiverse Gesellschaft kann diese Idee aufgreifen, als Prinzip der konvivialen Gegenseitigkeit verallgemeinern und so die Abwägungen steuern, die im Rahmen des zweiten Artikels des biodiversen Gesellschaftsvertrags vorzunehmen sind, um eine angemessene Balance von Natur und Menschen im Einzelfall herzustellen. Was dies bedeutet, lässt sich am Beispiel der menschlichen Nutzung eines Ökosystems erläutern: Es muss die Frage beantwortet werden, ob und wie Menschen das

Ökosystem nutzen dürfen und was sie dem Ökosystem als Ausdruck konvivialer Gegenseitigkeit dafür schulden. Welche Gegenleistung müssen Menschen für das Ökosystem erbringen, wenn sie dessen Leistungen in Anspruch nehmen?

Um sich diesen Paradigmenwechsel des Nachhaltigkeitsverständnisses vor Augen zu führen, lässt sich noch einmal an Hans Carl von Carlowitz anknüpfen: Das klassische Nachhaltigkeitsverständnis wirbt für eine vorsorgliche Holzwirtschaft. Die Menschen achten darauf, dass immer genügend neue Bäume nachgepflanzt werden, sodass der Gesellschaft auch morgen noch genug Holz zur Verfügung steht. Die Menschen investieren um ihrer selbst willen in den Wald. Der konviviale Gesellschaftsvertrag gestaltet die Holzwirtschaft jedoch deutlich breiter: Zunächst wird im Rahmen seines ersten Artikels der Wald auch um seiner selbst und nicht nur um des Menschen willen geschützt und deshalb seine Artenvielfalt, Funktionen und Regenerationsfähigkeit gewährleistet. Sodann müssen die Menschen im Rahmen des zweiten Artikels des konvivialen Gesellschaftsvertrags eine Gegenleistung für die Inanspruchnahme der Ökosystemleistung Holz erbringen. Diese kann nicht nur in einer ökologischen Investition in Form der Wiederaufforstung oder dem Ermöglichen der natürlichen Regeneration erfolgen, sondern (darüber hinaus) auch in einer finanziellen Gegenleistung. Die Menschen bezahlen den Wald für die Ökosystemleistung Holz, wobei der Wald dieses Geld wiederum in sich selbst investieren oder für das ökologische Allgemeinwohl der biodiversen Gesellschaft verwenden kann. Wir werden auf die damit verbundenen verfassungsrechtlichen Fragen der Rechtssubjektivität und der Eigentumsfähigkeit des Waldes im fünften Kapitel zurückkommen. An dieser Stelle ist vor allem wichtig, dass aufgrund dieser konvivialen Gegenleistung der Menschen die Ökosystemleistung – hier das Holz – einen gesellschaftlichen Wert und einen ökonomischen Preis bekommt. Auf diese Weise wird die Biodiversität sozial und ökonomisch sichtbar. Damit beseitigt die biodiverse Gesellschaft strukturell die ökologischen Wahrnehmungsdefizite, die wir uns heute noch leisten.

Dieses Verständnis von Nachhaltigkeit in der biodiversen Gesellschaft ist weder anthropozentrisch noch ökozentrisch, sondern konvivial.[26] Ein anthropozentrisches Verständnis bestimmt das Verhältnis von Natur und Mensch ausschließlich aus der Perspektive menschlicher Interessen. Ein ökozentrisches Verständnis des Verhältnisses von Natur und Mensch ist demgegenüber auf den rigorosen Schutz ökologischer Interessen bezogen. Die konfrontative Auseinandersetzung zwischen anthropozentrischen und ökozentrischen Positionen hat die Debatten um den Natur- und Umweltschutz in den vergangenen fünfzig Jahren geprägt. Sie diente und dient vor allem dazu, die jeweilige Gegenposition zu diskreditieren. Das Konzept der konvivialen Nachhaltigkeit lässt diese fruchtlose Konfrontation hinter sich. Es spielt nicht den Eigenwert der Natur gegen den Menschenwert der Natur aus. Vielmehr erkennt es explizit die vielfältigen Werte der Natur an und strebt ein Leben im Einklang mit der Natur in einer biodiversen Gesellschaft an.

IV. Infrastrukturen: Ökologische Daseinsvorsorge

Gesellschaften brauchen Infrastrukturen, die Bildung, Gesundheit, Energie, Hygiene, Kommunikation, Mobilität, Pflege, soziale und öffentliche Sicherheit sowie Wasserversorgung gewährleisten.[1] Die Bürgerinnen und die Bürger sind auf diese sozialen und technischen Infrastrukturen existenziell angewiesen. Diese Art der Daseinsvorsorge ist die Voraussetzung, dass sie sich frei und gleich entfalten können – jedenfalls in den Gesellschaften des Globalen Nordens. Auch die Wirtschaft floriert nicht ohne soziale und technische Infrastrukturen. Politik und Kultur sind ohne sie nicht denkbar. Es geht dabei um die öffentlichen Güter, die unser alltägliches Leben ermöglichen und zugleich einen ganz maßgeblichen Beitrag zur sozialen Integration unserer Gesellschaft gewährleisten. Die biodiverse Gesellschaft erweitert nun dieses Verständnis sozialer und technischer Daseinsvorsorge um eine ökologische Dimension. Wenn die Infrastrukturen die »Lebensadern unserer Gesellschaft« sind,[2] zählt die Biodiversität ebenfalls zu den zentralen Infrastrukturen, die eine existenzielle Funktion für die ganze Gesellschaft erfüllen. Die biodiverse Infrastruktur bildet die Grundlage für die ökologische, aber auch für die soziale und technische Daseinsvorsorge.

Gesellschaften werden seit über 3000 Jahren durch ihre Infrastrukturen geprägt: durch Wasserregulierung in Form von Dämmen und Kanälen, durch Verkehrswege in Form von Straßen und Routen, durch Kommunikation mit Hilfe von Postsystemen, analogen Nachrichtendiensten und digitalen Informationstechnologien, durch Sicherheit in Form von Verwaltungen und durch Wissenssysteme in Form von Forschungszentren, Datenbanken und Informationsinfrastrukturen.[3] Die sich stetig verdichtenden und miteinander wechselwirkenden Infrastrukturen sind zu einem äußerst ambivalenten Instrument geworden, die Natur zu beherrschen, Menschen zu regieren und ganze Erdteile zu kolonialisieren. Das Infrastrukturverständnis, das die westlichen Gesellschaften (mit globalem Anspruch) bis heute prägt, ist während der Industrialisierung entstanden. Es wird vor allem durch das Primat sozialer und technischer Infrastrukturen bestimmt. Wenn man sich die Entwicklung der Infrastrukturen in den westlichen Wohlfahrtsgesellschaften vergegenwärtigt, wird schnell deutlich, dass diese auf einer strategischen Instrumentalisierung von Naturgütern unter ebenso strategischer Ausblendung des Schutzes der Natur beruhen.

Dies zeigt insbesondere die Entwicklung der infrastrukturellen Daseinsvorsorge in Deutschland.[4] Der dynamische Auf- und Ausbau der Gesundheits-, Verkehrs- und Kommunikationsinfrastrukturen erfolgten in der zweiten Hälfte des 19. Jahrhunderts im Rahmen der kapitalgetriebenen Industrialisierung und der Entfaltung des modernen Leistungs- und Interventionsstaats. Als Treiber wirkte die Cholera, die bis zum Beginn des 20. Jahrhunderts zu Hygienekrisen mit katastrophalen Folgen führte, so etwa noch 1892 in Hamburg, als innerhalb von sechs Wochen über 10 000 Menschen starben.[5] In der sich dynamisch entfaltenden Industrie- und Handelsgesellschaft konnte die Cholera nicht mehr durch ökonomisch disruptive Quarantänen und Lockdowns ganzer Städte bekämpft werden. Aus diesem Grund trat schon im Laufe des 19. Jahrhunderts an die Stelle dieser pandemischen Einzelmaßnahmen der Medizinalpolizei eine umfassende Infrastrukturpolitik. Diese war zunächst auf eine hygienische Wasserversorgung und Abwasserentsorgung und sodann auf die Einrichtung einer öffentlichen Gesundheitsversorgung ausgerichtet. In der zweiten Hälfte des 19. Jahrhunderts wurde die technische Daseinsvorsorge durch die Einführung der Sozialversicherung ergänzt, um auch eine Antwort auf die soziale Frage zu finden. An der Wende vom 19. zum 20. Jahrhundert bildete sich der »Munizipalsozialismus« heraus, der soziale und technische Infrastrukturen in kommunale Trägerschaft übernahm.[6] Seitdem werden Wasser-, Gas- und Elektrizitätswerke, Krankenversorgung und Krankenhäuser, Schulen und Bildungseinrichtungen, Straßenreinigung, Straßenbeleuchtung und öffentlicher Nahverkehr, Müllabfuhr und Kanalisation zum Kern der kommunalen Daseinsvorsorge der Gemeinden gezählt. Die zentrale Bedeutung dieser Entwicklung für das soziale und politische Verständnis des Verhältnisses von Individuum und Gesellschaft war aufmerksamen Beobachtern umgehend klar. So hatte Georg Wilhelm Friedrich Hegel bereits in seinen *Grundlinien der Philosophie des Rechts* (1821) vorausschauend konstatiert: »Die polizeiliche Aufsicht und *Vorsorge* hat den Zweck, das Individuum mit der allgemeinen Möglichkeit zu vermitteln, die zur Erreichung der individuellen Zwecke vorhanden ist. Sie hat für Straßenbeleuchtung, Brückenbau,

Taxation der täglichen Bedürfnisse sowie für die Gesundheit *Sorge* zu tragen.«[7] Mit dem Begriff der »Vorsorge« war das zentrale Prinzip gefunden, das bis heute die Infrastrukturpolitik und Infrastrukturverwaltung in Deutschland prägt. Dieses Verständnis von infrastruktureller Vorsorge verband sich mit dem sozial- und wirtschaftspolitischen Programm, das gut hundert Jahre später die Weimarer Reichsverfassung (WRV) (1919) verfolgte: Die Ordnung des Wirtschaftslebens muss – so Art. 151 Abs. 1 Satz 1 WRV – den Grundsätzen der Gerechtigkeit mit dem Ziel der Gewährleistung eines menschenwürdigen Daseins für alle entsprechen. Der Verwaltungsrechtler Ernst Forsthoff fügte in seiner Monografie *Die Verwaltung als Leistungsträger* (1938) die Konzepte der Vorsorge und der Gewährleistung des Daseins zu dem Infrastrukturkonzept der »Daseinsvorsorge« zusammen.[8] Allerdings zielte das Konzept der Daseinsvorsorge aufgrund der nationalsozialistischen Ideologie, die Forsthoffs Programmschrift prägte, keineswegs auf die Gewährleistung eines menschenwürdigen Daseins für alle Menschen. Ganz im Gegenteil: Die Daseinsvorsorge war vielmehr ein Herrschaftsinstrument der nationalsozialistischen Diktatur.

Der Begriff der »Daseinsvorsorge« war und ist aber so suggestiv, dass er im Nachkriegsdeutschland als Konzept für die Infrastrukturpolitik und Infrastrukturverwaltung erneut aufgegriffen wurde.[9] Allerdings prägte nun die liberale und zugleich soziale Verfassungsordnung des Grundgesetzes für die Bundesrepublik Deutschland (1949) das Verständnis der Daseinsvorsorge. Aber auch wenn das Grundgesetz von dem nationalsozialistischen Verständnis von Daseinsvorsorge nichts übriggelassen hat, bleibt die Erinnerung an den Nationalsozialismus bis heute in der Provenienz des Begriffs der Daseinsvorsorge präsent; und dies verdeutlicht zugleich noch einmal, wie eng die politische Herrschaftsform und das Verständnis von Daseinsvorsorge und Infrastruktur zusammenhängen. Deshalb bestimmt heute – in bewusster Abgrenzung von der nationalsozialistischen Diktatur und Gewaltherrschaft – das Grundgesetz mit seiner Gewährleistung der Menschenwürde und der Demokratie, des Rechts- und des Sozialstaats die infrastrukturelle Daseinsvorsorge, die darüber hinaus zunehmend von dem europäischen Verständnis der Dienstleistungen von allgemeinem wirtschaftlichem Interesse überlagert wird.[10] Dies kommt beispielsweise darin zum Ausdruck, dass die Gemeindeordnungen den Begriff der Daseinsvorsorge verwenden, um die technischen und sozialen Infrastrukturen mit Blick auf Bildung, Gesundheit, Energie, Hygiene, Kommunikation, Pflege, soziale und öffentliche Sicherheit, Verkehr und Wasserversorgung zu garantieren.[11] Der Gesetzgeber nutzt das Konzept der Daseinsvorsorge aber auch, um die Privatisierung von Infrastrukturen zu regulieren,[12] um angesichts des demografischen Wandels den sozialen und territorialen Zusammenhalt der Bundesrepublik infrastrukturell zu gewährleisten,[13] um angemessene Lebensverhältnisse der Bürgerinnen und Bürger in der Corona-Pandemie zu sichern[14] und um die Herausforderungen des digitalen Strukturwandels der Öffentlichkeit in Form der »digitalen Daseinsvorsorge« anzunehmen.[15]

Diese sehr wechselhafte politische Kurzgeschichte unseres Verständnisses der infrastrukturellen Daseinsvorsorge, die mit der Industrialisierung begann und in ihrer Entwicklung zwischen autoritären, diktatorischen und demokratischen Staatsformen in Deutschland changierte, zeigt vor allem eines: Es geht um soziale und technische Infrastrukturen, deren Konzept und Realität die ökologische Dimension gesellschaftlicher Entwicklung vollkommen ausblenden. Die

Natur war nach dem Verständnis der Industriegesellschaft nicht mehr als eine Ressource für die infrastrukturelle Daseinsvorsorge, die jedoch keine ökologische Dimension gewonnen hat.[16] Auf diese ökologische Dimension und auch auf die ökologische Unterbilanz des sozialen und technischen Infrastrukturverständnisses der Industriegesellschaft wurde schon im 19. Jahrhundert kritisch hingewiesen. So schreiben Friedrich Engels und Karl Marx im *Kommunistischen Manifest* (1848): »Die Bourgeoisie hat in ihrer kaum hundertjährigen Klassenherrschaft massenhaftere und kolossalere Produktionskräfte geschaffen als alle vergangenen Generationen zusammen. Unterjochung der Naturkräfte, Maschinerie, Anwendung der Chemie auf Industrie und Ackerbau, Dampfschiffahrt, Eisenbahnen, elektrische Telegrafen, Urbarmachung ganzer Weltteile, Schiffbarmachung der Flüsse, ganze aus dem Boden gestampfte Bevölkerungen – welches frühere Jahrhundert ahnte, daß solche Produktionskräfte im Schoße der gesellschaftlichen Arbeit schlummerten.«[17] In dieser knappen stichwortartigen Aufzählung reflektiert das *Kommunistische Manifest* die ganze soziale und ökonomische Dynamik der globalen Entwicklung und der Verbindung von Arbeit, Kapital und Markt, Industrie und Infrastrukturen, Naturzerstörung und Kolonialismus. Diese Kritik verdeutlicht zugleich, dass wir ein sehr viel komplexeres Verständnis von Infrastruktur für die biodiverse Gesellschaft entwickeln müssen, das neben der sozialen und technischen auch die ökologische Daseinsvorsorge einbezieht.

Wenn auf diese Weise die sozialen, technischen und ökologischen Infrastrukturen in der sozial-ökologischen Transformation unserer Gesellschaft zum Thema werden, steht auch immer das Verhältnis der »ersten« und der »zweiten« Natur zur Diskussion. Die erste Natur ist die »natürliche«

Natur, die uns Menschen vorgegeben ist und die wir deshalb als unsere natürliche Lebensgrundlage begreifen. Die zweite Natur umfasst die individuellen und gesellschaftlichen Strukturen, die wir selbst geschaffen haben, um mit unseren alltäglichen Gewohnheiten in sie eingebettet zu sein. In der Entwicklung der westlichen Moderne hat mit der Industrialisierung die zweite Natur der sozialen und technischen Infrastrukturen die zentrale Bedeutung und die gesellschaftlichen Werte der ersten Natur immer stärker relativiert und ausgeblendet. Der Grund für diese Entwicklung ist klar: Die Entfaltung der sozialen und technischen Infrastrukturen bis hin zu den ausdifferenzierten Wohlfahrtsstaaten des Globalen Nordens beruhte und beruht auf der Ausbeutung und der Zerstörung der ersten Natur. Dies hat dazu geführt, dass wir die sozialen und technischen Infrastrukturen heute als etwas Eigenes wahrnehmen, von dem wir die Natur als etwas Anderes, Externes und Fremdes unterscheiden. Die sozialen und technischen Infrastrukturen sind unmittelbare Voraussetzung (z. B. Verkehr, Energie- und Wasserversorgung), wenn nicht sogar Teil (z. B. Bildung, Gesundheit, Hygiene, Kommunikation) unserer Persönlichkeitsentfaltung, während wir der Natur befremdet gegenüberstehen. Eher als einen Baum betrachten wir unser Mobiltelefon als etwas, das unmittelbar zu uns gehört. Deshalb empfinden es viele Menschen als Zumutung, wenn sie ihre Selbstverwirklichung in der zweiten, infrastrukturellen Natur – zum Beispiel in Form der Mobilität – zugunsten des Schutzes der ersten, »natürlichen« Natur einschränken sollen.

Das gleiche Motiv können wir in den aktuellen Wirtschaftskrisen beobachten: Von der sozial-ökologischen Transformation, die wir uns sozial, ökonomisch und vor allem auch infrastrukturell vorgenommen haben, ist nicht mehr die Rede. Zuerst muss es – so ein weitverbreitetes Argument – den Menschen und der Wirtschaft ökonomisch gut gehen. Nur dann sind Gesellschaft und Wirtschaft wieder bereit, »etwas« für die Natur zu tun. Doch das Seltsame ist: Auch als es Deutschland in den letzten Jahrzehnten wirtschaftlich gut ging, wurde nichts oder jedenfalls nicht genug »für die Natur getan«. Nur allzu selten wird die kritische Frage diskutiert, ob die Ausblendung des Ökologischen durch das Primat des Ökonomischen wirklich ökonomisch ist: Könnte sie nicht auch völlig unwirtschaftlich sein? Man muss nur an die ökonomischen Schäden denken, die wir durch unsere Wirtschaftsweise als Folge des Verlusts der Biodiversität und seiner Ökosystemleistungen, aber auch der Klimakatastrophe verursachen. Dann wird schnell klar, dass unsere ökologieignorante Ökonomie keineswegs ökonomisch ist. Vermeintliche »Naturkatastrophen«, die aber de facto durch menschliche Eingriffe in die Natur hervorgerufen werden, verursachen immense ökonomische Schäden – und das in rasant wachsendem Maße. Allein schon diese ganz in der Logik des kapitalistischen Wirtschaftssystems erhobenen Werte lassen Zweifel an der immanenten Sinnhaftigkeit des Primats der Ökonomie aufkommen, das die ökologische Dimension der wirtschaftlichen Entwicklung nicht berücksichtigt. Doch diese Fragen und Probleme werden im bedingungslosen Vorrang der zweiten vor der ersten Natur meist ausgeblendet. Der Soziologe Bruno Latour hat diese Entwicklungen in der Feststellung zugespitzt, dass sich viele Menschen in den westlichen Wohlfahrtsstaaten vorstellen können, dass es die erste, »natürliche« Natur eines Tages nicht mehr geben wird, während ein Wegfall der zweiten Natur – also der sozialen und technischen Infrastrukturen – jenseits ihrer Vorstellungskraft liegt. Doch wir leben bereits in einer »Gesellschaft des Verschwindens«[18] der ersten, »natürlichen« Natur. Man kann den damit verbundenen biodiversen Paradigmenwechsel mit den Worten des Philosophen Hans Blumenberg auf die Formel bringen, dass das Unerreichbare nicht mehr in der Zukunft, sondern in der Vergangenheit liegt.[19] Deshalb ist es so wichtig, die erste Natur in der Infrastrukturpolitik einer biodiversen Gesellschaft sichtbar zu machen und zu bewahren.

Begriff und Funktionen biodiverser Infrastruktur

Die Biodiversität ist die ökologische Infrastruktur der biodiversen Gesellschaft, die unsere ökologische, soziale und technische Daseinsvorsorge gewährleistet. Diese Vorstellung ist seit den 1980er Jahren immer wieder formuliert worden. So war und ist von der »Biotop-Infrastruktur« (Hubert Markl),[20] von der »grüne[n] Infrastruktur der Natur« (Christian Schwägerl),[21] der »ökologischen Infrastruktur« (Christof Mauch)[22] und von der Biodiversität als dem »Maschinenraum« die Rede, der existenziell wichtige Ökosystemleistungen für die Menschen produziert (Katrin Böhning-Gaese und Friederike Bauer).[23] Auch der deutsche Gesetzgeber zeigt erste Ansätze, diese Idee umzusetzen, wenn er – wenn auch nur punktuell – von der »umweltbezogenen Daseinsvorsorge«[24] spricht. Darüber hinaus ist die Schweiz auf dem Weg, ein Konzept der »ökologischen Infrastrukturen« zu entwickeln;[25] und die EU versucht sich in der Profilierung einer Strategie der »Grünen Infrastruktur (GI)«, um eine »Aufwertung des europäischen Naturkapitals« zu erreichen.[26] Diese Begriffe, Ideen und Politiken kann die biodiverse

Gesellschaft aufgreifen, um ihren Begriff und ihr Konzept der biodiversen Infrastruktur und der ökologischen Daseinsvorsorge zu entwickeln.[27]

Wir haben bereits gesehen, dass die Biodiversität eine komplexe Struktur besitzt, die mit der Vielfalt innerhalb der Arten, der Vielfalt der Arten untereinander und der Vielfalt von Ökosystemen über drei Facetten verfügt.[28] Diese drei Facetten stehen nicht nebeneinander, sondern entfalten sich in ihrer ökologischen Wechselwirkung. Dabei kommen der Biodiversität als ökologischer Infrastruktur der biodiversen Gesellschaft multiple Werte zu, die auch im ersten Artikel des konvivialen Gesellschaftsvertrags anerkannt werden. Auf der Grundlage dieses Verständnisses erbringt die Biodiversität Leistungen für sich selbst, also um die eigene Existenz aufrechtzuerhalten. Daneben gewährleistet die Biodiversität als Infrastruktur die ökologische Daseinsvorsorge in Form von Ökosystemleistungen für die soziale und technische Infrastruktur einer biodiversen Gesellschaft, die den Menschen zugutekommt. Die Abhängigkeit der Menschen von den multiplen Werten der Natur wird im zweiten Artikel des Gesellschaftsvertrags reflektiert.[29]

Die Anerkennung der Biodiversität als Infrastruktur garantiert, dass die Natur als eigenständiger Wert gilt, der die biodiverse Gesellschaft insgesamt prägt.[30] Damit wird die Gesellschaft verpflichtet, die Funktions-, Leistungs- und Regenerationsfähigkeit der Biodiversität um ihrer selbst willen zu gewährleisten. Die instrumentelle Abhängigkeit der Menschen von der Natur realisiert sich in Form von drei Gruppen von Ökosystemleistungen:[31] Die Biodiversität erfüllt zunächst eine vitale Funktion für die vom Menschen genutzten Ökosysteme: von der Bestäubung über die Samenausbreitung und Regeneration der Ökosysteme, Bodenbildung und

Schädlingsbekämpfung bis zum Schutz menschlicher Infrastrukturen, zum Beispiel vor Überschwemmungen oder Lawinen. Die biodiverse Infrastruktur erbringt sodann eine materielle Leistung, indem sie die Ressourcen für die soziale und technische Daseinsvorsorge der Menschen zur Verfügung stellt: vom sauberen Trinkwasser über Lebensmittel und Energie bis zur Medizin und zum Gesundheitswesen. Schließlich erlangt die biodiverse Infrastruktur eine ideelle Funktion für die biodiverse Gesellschaft, indem sie die Quelle für menschliche Ästhetik, Inspiration und Erholung, aber auch Grundlage für Heimat, Identität und Spiritualität darstellt.[32] Angesichts der ökologischen Maßlosigkeit vergangener und gegenwärtiger Generationen setzt die Erhaltung der Natur und damit der Biodiversität für die künftigen Generationen zentrale Maßstäbe für das verantwortungsvolle Handeln der Menschen. Damit prägt und stärkt das ökologische Verantwortungsprinzip ganz entscheidend das generelle Verantwortungsbewusstsein der Menschen, also auch über ökologische Handlungskontexte hinaus: im sozialen Miteinander, in der Wirtschaft und im Finanzhaushalt sowie im Umgang mit alten und neuen Techniken.

Typen biodiverser Infrastruktur

Die biodiverse Gesellschaft verfolgt eine Politik, die drei biodiverse Infrastrukturtypen umsetzt: Naturschutzgebiete, »Stadtnatur«[33] und »Nutzlandschaft«.

Der erste – klassische und zentrale – Infrastrukturtypus für die Bewahrung, den Schutz und die Entfaltung von Biodiversität ist die Ausweisung von Naturschutzgebieten und

Biosphärenreservaten.[34] Mit diesem infrastrukturellen Verständnis geht ein Paradigmenwechsel einher: Die Natur und die Biodiversität werden nicht aus nostalgischen oder gleichsam öko-musealen Gründen geschützt. Vielmehr erfüllen Naturschutzgebiete und Biosphärenreservate eine essenzielle Funktion für die ökologische, soziale und technische Daseinsvorsorge. Dabei bilden Naturschutzgebiete und Biosphärenreservate zwei Pole, wie biodiverse Gesellschaften mit einem Fokus auf Schutz der Natur gestaltet werden können. Bei Naturschutzgebieten steht in der Regel im Vordergrund, die Natur »Natur sein zu lassen«. Das können Wildnisgebiete sein, in die der Mensch kaum eingreift und in denen erlebt werden kann, dass auch in unserem dicht besiedelten Land Wildnis möglich ist und vor allem, welche Kraft und Urwüchsigkeit in der Natur stecken. Ein solches Gebiet ist etwa der Darß in Mecklenburg-Vorpommern: ein dynamisches Naturschutzgebiet an der Ostseeküste, in dem der Wald vom Meer weggespült werden darf. Dafür entstehen an anderer Stelle neue Sandbänke und Dünen. Wer dort einmal im Herbst die röhrenden Rothirsche erlebt, die Seeadler und die tausenden Kraniche gesehen hat, wird das nicht wieder vergessen. Im Unterschied zu Naturschutzgebieten leben in Biosphärenreservaten Natur und Mensch nachhaltig zusammen. Es sind Kulturlandschaften, die – je nach ihrem Nutzungsgrad – von naturdominierten bis zu menschendominierten Räumen reichen können. Beispiele dafür sind die Rhön mit ihren weiten Hügellandschaften oder der Spreewald mit seinen Flüssen, Auwäldern und Ackerbaukulturen. Die Natur bietet Güter für die Menschen, und der Mensch wirtschaftet mit Fürsorge für die Natur und mit Blick auf die nächsten Generationen.

Der zweite Infrastrukturtypus für die Bewahrung, den

Schutz und die Entfaltung von Biodiversität ist die Entwicklung einer biodiversen »Stadtnatur«[35] in einer »konvivialen Stadt«.[36] Auf den ersten Blick mag der Begriff der »Stadtnatur« überraschen. Denn eigentlich wird die Urbanisierung seit der Industrialisierung mit der Verdrängung und Zerstörung von Natur gleichgesetzt. Dies reicht bis zu dystopischen Szenarien eines »Planeten der Slums«[37] und der Megastädte. Doch die Urbanisierung ist durch ein ambivalentes Verhältnis zur Natur gekennzeichnet. Sie trägt einerseits zur Zerstörung von Natur bei. Andererseits kann sich in den Städten eine urbane Stadtnatur mit hoher Biodiversität entwickeln.[38] Viele Städte weisen heute eine höhere Artenvielfalt als ihr Umland auf. Ein Grund dafür ist die von Monokulturen geprägte industrielle Landwirtschaft, die vor den Toren der Städte betrieben wird und die der Entfaltung von Biodiversität keine Chance lässt. In europäischen Städten und Metropolen leben Biber, Dachse, Wanderfalken, Füchse, Habichte, Hasen, Igel, Marder, Rehe und Wildschweine. Auch Elche, Luchse und Wölfe überschreiten die Stadtgrenzen. Berlin und Hamburg übertreffen die meisten deutschen Naturschutzgebiete an Artenreichtum in der Vogelwelt. Auch einige seltene Schmetterlinge, Fledermäuse, Eidechsen und Frösche sind durchaus »stadtfest«.[39] Auch wenn dort in der Regel robuste »Allerweltsarten« vorkommen und der Beitrag zum Schutz gefährdeter Arten meist gering ist: Die Städte bieten mit ihrer vielfältigen Flächenstruktur einer großen Zahl von Arten Siedlungsmöglichkeiten. Die Gärten und Hinterhöfe, die Parks, Friedhöfe und Stadtwälder, die Verkehrsflächen und Industriebrachen, die Dächer und Flughäfen, die Teiche, Seen, Flüsse und Meere, die Kanäle und die Kanalisation bilden die Grundlage für diese ökologische Stadtstruktur. Neben dem Schutz seltener Arten haben biodiverse Grünflächen in der Stadt auch eine positive Wirkung auf das Wohlbefinden der Menschen, insbesondere auf die psychische Gesundheit.[40] Stadtbewohnerinnen und -bewohner mit Zugang zu Parks, in denen viele Vögel zu finden sind, leiden weniger unter Angstzuständen und Depressionen als solche, die keine Vögel erleben können.[41] Dies zeigt konkret, dass biodiverse Grünflächen eine wichtige Gesundheitsinfrastruktur sind, eine natürliche Ergänzung, wenn nicht sogar Ersatz für angstlösende Medikamente und Antidepressiva. Es verdeutlicht aber auch, dass nicht nur die Fürsorge für bedrohte und seltene Arten wichtig ist, sondern auch für »Allerweltsarten«.

Damit wird zugleich deutlich, dass die biodiverse Infrastruktur der Städte anderen Prinzipien als die biodiverse Infrastruktur der Naturschutzgebiete folgt. Es bedarf damit – so Christof Mauch – »einer veränderten ökologischen Infrastruktur und Stadtplanung, die die Natur nicht in entfernte Reservate (wie Nationalparks) verbannt, sondern unsere Kommunen mit ökologischen Schutzräumen versieht. Menschen und Pflanzen und Tiere, Ressourcen und Nahrung sollten nicht voneinander abgegrenzt, sondern miteinander vernetzt sein.«[42] Dieser Grundsatz der biodiversen Stadtentwicklung wird nicht einfach nur durch eine »Begrünung« von Hausfassaden oder Dächern umgesetzt. Es kommt vielmehr in jeder Gemeinde und Stadt darauf an, deren ganz spezifische biodiverse Mosaikstruktur zu erkennen, zu schützen und zu entfalten und den Menschen Zugang dazu zu ermöglichen.

Allerdings sind auch hier Konflikte vorprogrammiert. In Frankfurt wurden beispielsweise Rasenflächen zu Insektenwiesen umgestaltet, die nur noch einmal im Jahr gemäht werden. Menschen ist das Betreten dieser Flächen nicht mehr gestattet. Das funktioniert für die Natur: Die Artenvielfalt an Pflanzen, Insekten und Vögeln steigt. Zugleich haben damit aber auch in manchem sozial und ökonomisch benachteiligten Viertel die Menschen den Zugang zu den Grünflächen verloren. Dort wird nicht mehr gemeinsam gegrillt. Die Kinder tollen nicht mehr herum oder spielen am Fluss. Ernst May, der in den 1920er Jahren eine dieser Siedlungen einschließlich der Grünflächen als soziales Stadtentwicklungsprojekt anlegte, hatte sich das damals anders gedacht. In Frankfurt stellt sich aktuell die Frage, ob der Fokus hier auf der Natur oder auf den Menschen liegt. Die Antwort der biodiversen Gesellschaft lautet, dass es hier konviviale Konzepte von Stadtnatur zu entwickeln gilt, in denen Menschen im Einklang mit der urbanen Natur leben können. Auch an anderer Stelle besteht ein unerwartetes Potential für Konflikte. Eine besonders große Artenvielfalt entwickelt sich oft auf den Stadt-, Verkehrs- und Industriebrachen.[43] Dies folgt dem Grundsatz, dass »nährstoffreiche Regionen eine geringe biologische Vielfalt (Biodiversität) entwickeln, nährstoffarme aber oft eine große. Oder kürzer gefasst: Mangel ist die Mutter der Vielfalt, Fülle vereinheitlicht.«[44] Diese Flächen erfüllen jedoch oftmals nicht die ästhetischen Ansprüche von Bürgerinnen und Bürgern sowie planenden Gemeinden. Diese setzen gerade für diese städtischen Bereiche auf Nachverdichtung, um möglichst hohe Immobilienpreise zu erzielen. »Schön grün« ist eben etwas anderes als nachhaltig. Aus der Perspektive einer biodiversen Stadtentwicklung bedarf es auch hier eines paradigmatischen Umdenkens, das zugleich an eines der größten Tabus der Städteplanung in Deutschland rührt: Grundsätzlich soll der Außenbereich der Städte aus Gründen des Biodiversitäts- und Naturschutzes von Bebauung frei bleiben.[45] Doch wenn der Biodiversitätsschutz heute nicht mehr im Außen-, sondern im Innenbereich der Städte stattfindet, müssen die Grenzen von Stadt und Land neu ausgehandelt werden.

Den dritten Infrastrukturtypus bildet die sogenannte Nutzlandschaft, also die ganz »normale« Landschaft außerhalb der Naturschutzgebiete und Biosphärenreservate einerseits und der Städte andererseits. Sie besteht aus Äckern, Wiesen und Weiden, aus Wäldern, Gehölzen und Flusslandschaften, in Summe immerhin 83,2 Prozent der Landesfläche und allesamt intensiv vom Menschen genutzt.[46] Wenn diese Nutzungskonkurrenz auf die Gewährleistung der Biodiversität in dieser vielfältigen Landschaftsnutzung stößt, entstehen harte Konflikte. Denn zum einen ist die biodiverse Gesellschaft gerade auch in diesen Gebieten auf die Entfaltung der biodiversen Infrastruktur und der ökologischen Daseinsvorsorge angewiesen. Zum anderen konkurriert diese hier mit anderen Formen der Daseinsvorsorge, insbesondere mit der Agrar- und Forstwirtschaft. Der dramatische Rückgang der Vögel und Insekten besonders in der Agrarlandschaft ist Indikator für einen weitreichenden Verlust der Biodiversität, für ein Auseinanderbrechen der Interaktionen zwischen den Arten, für zunehmende Volatilität der Ökosystemfunktionen und die Gefährdung der Ökosystemleistungen.[47] Dies hat potentiell dramatische Folgen für unsere Daseinsvorsorge: Artenarme Ackerbausysteme mit verarmten, ausgelaugten Böden unter Dürre- und Hitzestress produzieren keine Lebensmittel mehr. Das Gleiche gilt für Wälder: Die Priorisierung von schneller Holzproduktion fördert Fichtenmonokulturen. Heute sind viele dieser artenarmen Bestände vernichtet – von Hitze und Dürre, mit Unterstützung des Borkenkäfers, der in den geschwächten Wäldern nur zum nächsten Baum fliegen muss, um den nächsten gedeckten

Tisch vorzufinden. Damit wird aber auch die ganze Reichweite der gesellschaftlichen Veränderungen deutlich, die mit der Transformation unserer Gesellschaft in eine biodiverse Gesellschaft einhergehen: Fürsorge für Agrarlandschaften schließt letztlich auch eine Änderung der Lebensmittelproduktion und der Ernährungsgewohnheiten einschließlich der Lebensmittelverschwendung insbesondere in den Wohlstandsgesellschaften des Globalen Nordens ein.[48] Als Folge einer Reduzierung der Lebensmittelverschwendung und vor allem einer Umstellung auf stärker pflanzenbasierte Ernährung würde viel weniger Fläche für den Anbau benötigt. Dies erlaubt eine geringere Nutzungsintensität und eröffnet Möglichkeiten für biodiversitätsfreundlichere Anbausysteme, wie den Ökolandbau, und für das Einrichten von Schutzgebieten. Das Gleiche gilt für Wälder und die Holznutzung. Auch hier müssen wir über einen nachhaltigeren Umgang mit Holz nachdenken. Dafür brauchen wir Kaskadennutzung und Kreislaufwirtschaft. Holz ist ein limitiertes, wertvolles Naturgut, das so lange wie möglich erhalten und genutzt und nicht verbrannt werden sollte. Wir sehen: Das geht einen fundamentalen Schritt über Hans Carl von Carlowitz' Konzept der nachhaltigen Waldbewirtschaftung hinaus. Gefragt ist nicht mehr nur ein nachhaltiger Waldbau, sondern nachhaltiges Verhalten der ganzen Gesellschaft. Hier besteht die äußerst konfliktträchtige Herausforderung, die Bewahrung, den Schutz und die Entfaltung von Biodiversität in der land- und forstwirtschaftlichen und allgemein ökonomischen Nutzung dieser Landschaften zu realisieren.

Wenn man sich die Infrastrukturtypen der biodiversen Gesellschaft vor Augen führt, wird unmittelbar klar, wie konfliktreich ein Paradigmenwechsel im ökologischen Infrastrukturverständnis ist. Die biodiverse Gesellschaft ist keine harmonische Gesellschaft. Vielmehr muss sie harte soziale, ökonomische und ökologische Interessenkonflikte aushalten und regeln. So finden bereits heute harte Auseinandersetzungen mit den starken Lobbys der industriellen Land- und Ernährungswirtschaft statt. Bäuerinnen und Bauern protestieren gegen Umweltauflagen, die dem Schutz der Biodiversität dienen. Die übliche Reaktion der Politik ist es, diesen interessenbezogenen Protesten nachzugeben. Der nächste Wahltermin steht immer vor der Tür. Die politische Kurzsichtigkeit der Legislaturperioden der repräsentativen Demokratie gerät in einen Strukturkonflikt mit den existenziellen Gegenwarts- und Zukunftsinteressen unserer Gesellschaft, die ein neues demokratisches und ökologisches Verfassungsverständnis erfordern. Wir werden im fünften Kapitel noch sehen, wie sich das politische System der Bundesrepublik ändern muss, um diese inhärenten Konflikte demokratisch bewältigen zu können. Wenn es neben der Auseinandersetzung mit Interessenverbänden auch um eine notwendige Änderung von Konsumgewohnheiten geht, hat eine biodiverse Infrastrukturpolitik darüber hinaus mit dem ganzen individuellen und gesellschaftlichen Beharrungsvermögen der normativen Kraft des Faktischen und der Beharrungskraft kulturell geprägter Verhaltensmuster zu rechnen. Die notwendige soziale und ökologische Forderung »Du musst Dein Leben ändern« stellt eine der größten Herausforderungen praktischer Infrastrukturpolitik in einer biodiversen Gesellschaft dar.

Wandel der Kritischen Infrastruktur

Mit der Anerkennung und Ausgestaltung der biodiversen Infrastruktur als Grundlage der ökologischen Daseinsvorsorge geht auch ein Wandel des Verständnisses der Kritischen Infrastruktur in der biodiversen Gesellschaft einher. Wir nutzen das Konzept der Kritischen Infrastruktur, um die zentralen Leistungen und Institutionen der gesellschaftlichen Daseinsvorsorge in Krisen- und Katastrophensituationen zu schützen. Aber auch hier gilt bis heute: Wir blenden die ökologische Dimension vollkommen aus, indem wir uns allein auf die Sicherung der sozialen und technischen Infrastrukturen im Krisen- und Katastrophenfall beschränken. Nur selten machen sich vornehmlich interdisziplinär arbeitende Wissenschaftlerinnen und Wissenschaftler die Mühe, die Kritischen Infrastrukturen nach umweltbezogenen Kriterien zu bewerten.[49] Umso mehr muss die biodiverse Gesellschaft das Konzept und die Praxis der Kritischen Infrastrukturen um den Schutz der biodiversen Infrastrukturen und der ökologischen Daseinsvorsorge ergänzen.

Die Gefährdungen der energetischen und digitalen Infrastrukturen sowie die terroristischen und militärischen Krisen haben in der Sicherheitspolitik zu der Erkenntnis geführt, dass die soziale und technische Infrastruktur der Bundesrepublik besonders geschützt werden müssen.[50] Deshalb hat die Bundesregierung im Jahr 2009 eine »Nationale Strategie zum Schutz Kritischer Infrastrukturen« (KRITIS-Strategie) vorgelegt.[51] Diese definiert Kritische Infrastrukturen als »Organisationen und Einrichtungen mit wichtiger Bedeutung für das staatliche Gemeinwesen, bei deren Ausfall oder Beeinträchtigung nachhaltig wirkende Versorgungsengpässe, erhebliche Störungen der öffentlichen Sicherheit oder andere dramatische Folgen eintreten würden.«[52] Eine Infrastruktur ist dann als »kritisch« einzuordnen, wenn eine Störung oder ein Funktionsausfall Folgen für die Versorgungssicherheit der Gesellschaft mit wichtigen Gütern und Dienstleistungen hat.[53] Auf der Grundlage dieser Begriffsbestimmung werden derzeit die folgenden neun Sektoren zur Kritischen Infrastruktur der Bundesrepublik gezählt: Energie, Ernährung, Finanz- und Versicherungswesen, Gesundheit, Informationstechnik und Telekommunikation, Medien und Kultur, Staat und Verwaltung, Transport und Verkehr sowie die Wasserversorgung.[54] Die Infrastrukturen dieser Sektoren sollen besonders geschützt werden, wobei sich dieser Schutz nach der KRITIS-Strategie den drei Zielen der Prävention, Reaktion und Nachhaltigkeit verpflichtet sieht.[55] Dafür legt die KRITIS-Strategie den »All-Gefahren-Ansatz« zugrunde, sodass sie ihre Risiko- und Gefährdungsanalysen auf Naturereignisse, technisches und menschliches Versagen sowie Terrorismus, Kriminalität und Krieg erstreckt. In den letzten 15 Jahren haben Politik und Verwaltung diese Strategie weiterentwickelt und mit dem Bevölkerungs-, Zivil- und Katastrophenschutz sowie dem Schutz der Güterverkehrs- und Logistikwirtschaft vernetzt und Politiken der infrastrukturellen Anpassung an den Klimawandel ausgearbeitet.[56] Die KRITIS-Strategien zielen bereits heute auf eine nachhaltige Entwicklung; und doch muss diese Nachhaltigkeit in einer biodiversen Gesellschaft konvivial neu gedacht und neu gestaltet werden. Führt man sich die Entwicklung von Strategien zum Schutz der Kritischen Infrastruktur vor Augen, so wird wiederum deutlich: Die Natur und damit die biodiverse Infrastruktur wird nicht als Teil und folglich auch nicht als Schutzgut der Kritischen Infrastruktur gesehen, obwohl sie eine grundlegende infrastrukturelle Bedeutung für die Gewährleistung der ökologischen, sozialen und technischen Daseinsvorsorge in der Bundesrepublik hat. Auf der Gefährdungsebene nimmt man allein die Klimakatastrophe als einen Risiko- und Gefährdungsfaktor für die soziale und technische Infrastruktur wahr, obwohl der dramatische Verlust von Biodiversität die Existenz unserer Gesellschaft ebenfalls fundamental in Frage stellt.

Aus diesem Grund ist es notwendig, die Strategie zum Schutz der Kritischen Infrastruktur auf allen Ebenen durch eine ökologische Dimension zu erweitern. Auf der definitorischen Ebene muss die Biodiversität als eine Kritische Infrastruktur und damit als sicherheitsrelevanter Schutzgegenstand ausgewiesen werden. Auf der Ebene der Risiko- und Gefährdungsermittlung ist über die Klimakatastrophe hinaus auch der dramatische Verlust an Biodiversität in den »All-Gefahren-Ansatz« aufzunehmen, weil dieser keineswegs »nur« die ökologische, sondern vor allem auch die soziale und technische Daseinsvorsorge gefährdet. Darüber hinaus sind gerade mit Blick auf den Schutz der biodiversen Infrastruktur die Risiko- und Gefährdungsermittlung um die Schadensbilanz zu erweitern, damit die längst eingetretenen Zerstörungen der biodiversen Infrastruktur sichtbar werden. Auf der Ebene der Ziele muss in dem programmatischen Dreisatz von Prävention, Reaktion und Nachhaltigkeit vor allem das konviviale Nachhaltigkeitsprinzip die Strategie zum Schutz Kritischer Infrastrukturen prägen: Die Biodiversität ist entsprechend dem ersten Artikel des konvivialen Gesellschaftsvertrags als eine Kritische Infrastruktur aufgrund ihrer vielfältigen Werte um ihrer selbst willen und für den Menschen zu schützen. Dieser Schutz bildet wiederum die Grundlage, um der Abhängigkeit der Menschen von der Natur als Ausdruck des zweiten Artikels des konvivialen Gesellschaftsvertrags besondere Bedeutung in den Präventions- und Reaktionspolitiken bei Gefährdungen, Angriffen und Zerstörungen der biodiversen Infrastruktur zukommen zu lassen. Auf diese Weise kann ein angemessener Schutz der ökologischen, sozialen und technischen Infrastruktur in der biodiversen Gesellschaft gewährleistet werden.

V. Politik: Die nachhaltige Verfassungsordnung

Die biodiverse Gesellschaft braucht eine nachhaltige Verfassung. Wir haben bereits gesehen, dass Hans Carl von Carlowitz die Einsicht formuliert hat, dass sich Nachhaltigkeit nicht von selbst herstellt. Sie ist auf einen institutionellen Rahmen angewiesen, und dies bedeutet: auf eine nachhaltige verfassungsrechtliche Ordnung, in der sich eine biodiverse Gesellschaft demokratisch entfalten kann. Diese nachhaltige Verfassungsordnung der biodiversen Gesellschaft ist in das supranationale Mehrebenensystem eingebettet, das über eine internationale und – in Europa – über eine europäische Ebene verfügt.

Auf der *internationalen Ebene* steht der Schutz der Biodiversität nach wie vor im Schatten der Bekämpfung der Klimakatastrophe.[1] Allerdings ist insoweit ein – wenn auch sehr langsamer – Wandel der globalen Ordnung mit Blick auf einen effektiveren Schutz von Biodiversität festzustellen. Wie bereits im ersten Kapitel dargestellt, hat die internationale Gemeinschaft auf dem Erdgipfel von Rio de Janeiro im Jahr 1992 die Konvention über die biologische Vielfalt (Biodiversitätskonvention) verabschiedet.[2] Sie verfolgt angesichts des dramatischen Verlusts der Biodiversität drei Ziele: erstens den Erhalt der biologischen Vielfalt der Ökosysteme, der Arten sowie der genetischen Vielfalt innerhalb der Arten, zweitens die nachhaltige Nutzung der Biodiversität und drittens die global gerechte Aufteilung der Vorteile der Nutzung genetischer Ressourcen.[3] Der nächste größere Schritt der globalen Biodiversitätspolitik erfolgte im Jahr 2010, als die zehnte Vertragskonferenz der Biodiversitätskonvention die Aichi-Biodiversitäts-Ziele verabschiedete, die bis zum Jahr 2020 umgesetzt werden sollten:[4] die Bekämpfung des Verlusts von Biodiversität (Ziel A), die Reduzierung des sozialen und wirtschaftlichen Drucks auf die Biodiversität und die Förderung der nachhaltigen Nutzung der Biodiversität (Ziel B), die Verbesserung des Status der Biodiversität durch den Schutz von Ökosystemen, Arten und genetischer Vielfalt (Ziel C), die gerechte Nutzung von Biodiversität und Ökosystemleistungen für alle Menschen (Ziel D) und die Förderung der Biodiversität durch partizipative Planung, Wissensmanagement sowie Kompetenz- und Kapazitätsaufbau (Ziel E). Den vorerst letzten und äußerst ambitionierten Schritt zum globalen Schutz von Biodiversität hat der »Weltnaturgipfel« in Montreal im Jahr 2022 unternommen, auf dem die Staatengemeinschaft das Kunming-Montreal Global Biodiversity Framework (GBF) – also die Rahmenübereinkunft zur Biodiversität – verabschiedet hat.[5] Wir haben das Global Biodiversity Framework bereits im ersten Kapitel angesprochen, aber es lohnt sich trotzdem, sich seinen Regelungsgehalt auch in diesem verfassungsrechtlichen Kontext noch einmal knapp vor Augen zu führen, um ihn besser einordnen zu können: Die biologische Vielfalt ist – so das Global Biodiversity Framework – von grundlegender Bedeutung für das menschliche Wohlergehen, einen gesunden Planeten und wirtschaftlichen Wohlstand für alle Menschen, auch für ein Leben im Gleichgewicht und im Einklang mit Mutter Erde. (Nr. 1 GBF). Um dies zu gewährleisten, formuliert das Global Biodiversity Framework als »Vision 2050«, dass die Welt dann im Einklang mit der Natur lebt, wenn die biologische Vielfalt wertgeschätzt, geschützt, wiederhergestellt und weise genutzt wird, sodass die Ökosystemleistungen erhalten bleiben, ein gesunder Planet bewahrt wird und alle Menschen davon profitieren können (Nr. 7 GBF). Aus dieser »Vision 2050« folgert das Framework die »Mission 2030«, nach der dringende Maßnahmen zu ergreifen sind, um den Verlust der biologischen Vielfalt zu stoppen und umzukehren, damit sich die Natur zum Nutzen der Menschen und des Planeten erholen kann, wobei insbesondere die dafür notwendigen finanziellen Mittel bereitgestellt werden müssen (Nr. 11 GBF). Zur Umsetzung dieses globalen Programms formuliert das Framework insgesamt 23 Ziele, die bis zum Jahr 2030 zu erfüllen sind (Nr. 13 GBF). So soll der Verlust von Gebieten, die für die Biodiversität von großer Bedeutung sind, praktisch auf null reduziert werden (Ziel 1). Darüber hinaus sind 30 Prozent der geschädigten Land-, Binnengewässer-, Meeres- und Küstenökosysteme effektiv wiederherzustellen (Ziel 2) und mindestens 30 Prozent der Land- und Binnengewässer sowie der Meeres- und Küstengebiete – insbesondere Gebiete mit besonderer Bedeutung für die biologische Vielfalt und die Funktionen und Leistungen der Ökosysteme – effektiv zu schützen und zu bewirtschaften (Ziel 3). Des Weiteren sollen große und transnationale Unternehmen und Finanzinstitutionen regelmäßig über die Risiken, Abhängigkeiten und Wirkungen ihrer wirtschaftlichen Aktivitäten auf die Biodiversität berichten (Ziel 15). Naturschädliche Subventionen sind bis zum Jahr 2030 um 500 Milliarden Dollar pro Jahr abzubauen (Ziel 18). Im gleichen Zeitraum ist eine erhebliche und schrittweise Aufstockung der finanziellen Mittel von mindestens 200 Milliarden Dollar pro Jahr vorgesehen, um nationale Strategien und Aktionspläne zur Erhaltung der biologischen Vielfalt umzusetzen (Ziel 19). Auch wenn viele Ziele und Maßnahmen vage bleiben und der angestrebte Finanzrahmen nicht ausreicht,[6] stellt das Global Biodiversity Framework einen wichtigen Schritt zum Schutz der Biodiversität dar, dem aber weitere Schritte folgen müssen.

Auf der *europäischen Ebene* ist die Europäische Union ein ökologischer Schrittmacher des Schutzes der Biodiversität. Dies gilt insbesondere für die nachhaltige Wirkung der Richtlinie 92/43/EWG zur Erhaltung der natürlichen Lebensräume sowie der wildlebenden Tiere und Pflanzen (Fauna-Flora-Habitat-Richtlinie) und die Richtlinie 2009/147/EG über die Erhaltung der wildlebenden Vogelarten (Vogelschutzrichtlinie).[7] So soll ein umfassendes Netz von Schutzgebieten geschaffen werden, um die Biodiversität in Europa zu bewahren. Im Rahmen dieser internationalen und europäischen Vorgaben müssen die biodiversen Gesellschaften ihre Verfassungsordnungen dem konvivialen Nachhaltigkeitsprinzip entsprechend ausgestalten.

Es ist allerdings im Rahmen der ökologischen Neuausrichtung des Infrastrukturrechts in der biodiversen Gesellschaft bereits deutlich geworden, dass diese Transformation mit sehr harten sozialen, ökonomischen und ökologischen Konflikten einhergeht, die rechtsstaatlich reguliert und demokratisch entschieden werden müssen. Dies wird aber nur gelingen, wenn das konviviale Nachhaltigkeitsprinzip den inhaltlichen Maßstab für die demokratische und rechtsstaatliche Transformation bildet. Dabei haben wir gerade im Kontext der konzeptionellen Entwicklung des konvivialen

Nachhaltigkeitsprinzips gesehen, dass die Profilierung einer nachhaltigen Verfassungsordnung für die biodiverse Gesellschaft auf zwei Aspekte besonderen Wert legen muss: Erstens ist es notwendig, dass die ökologischen Interessen der biodiversen Gesellschaft im demokratischen Prozess nachhaltig sichtbar werden, um politisch überhaupt wahr- und ernstgenommen zu werden. Zweitens müssen die ökologischen Interessen der biodiversen Gesellschaft über die gleiche rechtliche Kraft wie soziale und ökonomische Interessen verfügen. Denn in rechtsstaatlichen Demokratien gilt der Grundsatz: Nur wer über Rechte verfügt, der wird im demokratischen Prozess auch politisch wahrgenommen, weil er dessen Ergebnis verfassungsgerichtlich überprüfen lassen kann. Auf diese Weise sind politische Sichtbarkeit und rechtliche Durchsetzung von Interessen im demokratischen Rechtsstaat unmittelbar miteinander verbunden. Doch genau an dieser Stelle liegt das Problem, das wir uns gerade auch am *Beispiel des Grundgesetzes* vor Augen führen können. Die Bürgerinnen und Bürger sowie soziale Verbände und die Wirtschaft verfügen über die ganze Vielfalt von Grundrechten, die sie in den politischen Prozess einbringen, um ihre sozialen und wirtschaftlichen Interessen zu Lasten der Natur und damit auch der Biodiversität durchzusetzen, allen voran die Wirtschaftsfreiheit (Art. 12 Abs. 1 GG) und die Eigentumsgarantie (Art. 14 Abs. 1 GG). Aber wie steht es um die Natur und die Biodiversität? Auf welche Rechte können sie sich berufen, um mit ihren ökologischen Interessen im politischen Prozess gehört zu werden und gegebenenfalls vor Gericht zu ziehen? Die Antwort lautet: Keine! Das Grundgesetz kennt – wie erwähnt – »nur« die Staatszielbestimmung »Umweltschutz«, die 1994 in das Grundgesetz eingeführt[8] und 2002 um den Tierschutz ergänzt wurde:[9] Der Staat schützt auch in

Verantwortung für die künftigen Generationen die natürlichen Lebensgrundlagen und die Tiere im Rahmen der verfassungsmäßigen Ordnung durch die Gesetzgebung und nach Maßgabe von Gesetz und Recht durch die vollziehende Gewalt und die Rechtsprechung (Art. 20a GG). Doch aus dieser Regelung können weder Bürgerinnen und Bürger noch die Natur subjektive Rechte ableiten, um ökologische Interessen politisch geltend zu machen und gerichtlich einzuklagen.[10] Damit wird deutlich, welch großer verfassungsrechtlicher Nachholbedarf besteht, um zumindest »juristische Waffengleichheit« bei der Durchsetzung von sozialen, ökonomischen und ökologischen Interessen in der biodiversen Gesellschaft sicherzustellen. Es sind vor allem vier verfassungsrechtliche Impulse notwendig, wenn die biodiverse Gesellschaft ihre notwendige soziale, ökonomische und ökologische Transformation demokratisch und rechtsstaatlich gestalten will: erstens die Einführung der Rechte der Natur, zweitens eine nachhaltige Eigentumsgarantie, drittens ein ökologisch sensibler demokratischer Prozess und viertens ein Recht auf Zukunft.

Rechte der Natur

Die Anerkennung der Rechte der Natur steht im Mittelpunkt der biodiversen Verfassungsordnung. Wir haben gesehen, dass die Natur im demokratischen Prozess nur dann effektiv repräsentiert wird, wenn ihre ökologischen Interessen mit subjektiven Rechten durchsetzbar sind. Ein subjektives Recht erlaubt seiner Trägerin und seinem Träger, die Rechtsordnung im eigenen oder fremden Interesse in Bewegung zu setzen.[11] Dadurch werden Rechtskonflikte erzeugt, deren politische oder gerichtliche Lösung die Gesellschaft weiterentwickeln. Eine solche gesellschaftliche Transformation ist mit der Anerkennung der Rechte der Natur vor allem deshalb zu erwarten, weil bisher nur Menschen, soziale Verbände und Wirtschaftsunternehmen ihre Interessen mit subjektiven Rechten – und insbesondere Grundrechten – durchsetzen können, nicht aber die Natur. Wenn nun die Natur in der biodiversen Gesellschaft subjektive Rechte erhält, kann auch sie ihre ökologischen Interessen effektiv verfolgen. Erst damit herrscht »juristische Waffengleichheit« zwischen Menschen, Wirtschaft und Natur; und es sind die daraus entstehenden politischen und rechtlichen Konflikte, die die sozial-ökologische Transformation von der industriellen Wohlfahrtsgesellschaft zu einer biodiversen Gesellschaft dynamisch gestalten werden.

Heute kann man von einem globalen Trend der Anerkennung der Rechte der Natur sprechen,[12] der – langsam, aber sicher – auch die westlich geprägten Rechtsordnungen erreicht.[13] So verfügt die Natur – insbesondere Tiere, Flüsse oder Ökosysteme – beispielsweise in Argentinien, Bangladesch, Bolivien, Indien, Kolumbien, Neuseeland und in den USA über Rechte.[14] In Europa hat als erstes Land Spanien die Rechtspersönlichkeit der Salzwasserlagune Mar Menor und ihres Wassereinzugsgebiets anerkannt, die das Recht auf »Schutz, Erhaltung, Pflege und gegebenenfalls Wiederherstellung durch die Regierungen und die Anwohner:innen«[15] genießen. Ganz auf dieser Linie hat das Landgericht Erfurt in seinen Urteilen vom 2. August und 17. Oktober 2024 die Eigenrechte der Natur auf der Grundlage der Charta der Grundrechte der Europäischen Union in seinem Urteil anerkannt. Das Gericht hat die Rechte ökologischer Personen –

der Natur und einzelner Ökosysteme – aus dem Recht auf Leben (Art. 2 Europäische Grundrechtecharta) und dem Recht auf Unversehrtheit (Art. 3 Europäische Grundrechtecharta) in Verbindung mit der grundrechtlichen Gewährleistung des Umweltschutzes (Art. 37 Europäische Grundrechtecharta) hergeleitet.[16] Die normative Ausgestaltung der Rechte der Natur erfolgt sehr unterschiedlich. Es lassen sich zwei Grundtypen unterscheiden. Erstens können die Rechte von Ökosystemen anerkannt werden. Zweitens ist es möglich, dass die Rechtsordnung darüber hinaus bestimmten Tier- und Pflanzenarten, die besonders bedroht sind, Rechtssubjektivität verleiht, um sie besser zu schützen. Diese beiden Grundtypen ökologischer Rechtssubjektivität lassen sich miteinander kombinieren. Wir haben gesehen, dass Biodiversität auf der Vielfalt innerhalb der Arten, der Vielfalt der Arten und der Vielfalt von Ökosystemen beruht. Deshalb ist es in der biodiversen Gesellschaft zunächst sinnvoll, Ökosysteme als Rechtssubjekte mit spezifischen ökologischen Rechten allgemein anzuerkennen, um sodann besonders gefährdeten oder aus anderen Gründen hoch bewerteten Arten ebenfalls Rechtssubjektivität zu verleihen, um sie besonders zu schützen.

Der Basisschutz der Biodiversität erfolgt in der biodiversen Gesellschaft über den Schutz von Ökosystemen, die als Rechtspersönlichkeiten anerkannt werden. Bei der Umsetzung dieses Modells hat Ecuador eine internationale Vorreiterrolle übernommen. Es hat die Natur (Pacha Mama) in seiner Verfassung als Rechtssubjekt anerkannt und ihr Rechte zugesprochen:[17] Die Natur genießt alle Rechte, die in der Verfassung für sie vorgesehen sind (Art. 10 Abs. 2 i. V. m. Art. 71–74 Verfassung Ecuador). Dabei kommt der Regelung des Artikels 71 Verfassung Ecuador programmatische Bedeutung zu: Die Natur hat das Recht auf einen umfassenden Respekt ihrer Existenz und auf die Erhaltung und Regeneration ihres Lebenskreislaufs, ihrer Struktur und Funktionen sowie ihrer evolutionären Prozesse (Art. 71 Satz 1 Verfassung Ecuador). Alle Personen, Gemeinschaften, Völker und Nationen können sich an die öffentlichen Autoritäten wenden, um die Rechte der Natur durchzusetzen (Art. 71 Satz 2 Verfassung Ecuador). Bei der Auslegung und Anwendung der Rechte der Natur sind die Rechte und Prinzipien, die in der Verfassung niedergelegt sind, zu beachten, soweit dies angemessen ist (Art. 71 Satz 3 Verfassung Ecuador). Der Staat soll für natürliche und juristische Personen und Gemeinschaften Anreize setzen, um die Natur zu schützen und den Respekt für alle Elemente zu fördern, die ein Ökosystem umfasst (Art. 71 Satz 4 Verfassung Ecuador).

Diesem ecuadorianischen Beispiel könnte auch Deutschland folgen: Die Rechtssubjektivität von Ökosystemen – zum Beispiel Landschaften und Flüssen – ließe sich im Anschluss an die ökologische Staatszielbestimmung (Art. 20a GG) im Grundgesetz verankern.[18] Dies würde bedeuten, dass im Wege der Popularklage, die einzelne oder mehrere Menschen sowie soziale, politische und ökologische Verbände erheben können, die umfassende Integrität von Ökosystemen in der Bundesrepublik ebenfalls eingeklagt werden könnte. Der demokratisch legitimierte Gesetzgeber müsste dies mit Blick auf die rechtsfähigen Ökosysteme, die Rechte dieser Ökosysteme und die Klagemöglichkeiten näher ausgestalten.

Vor dem Hintergrund des ökologischen Basisschutzes von Ökosystemen ist es sinnvoll, besonders bedrohten oder aus anderen Gründen hoch bewerteten Arten ebenfalls Rechtssubjektivität zuzuerkennen, um diesen einen speziellen Schutz zukommen zu lassen. Mögliche Bewertungskriterien können die Gefährdung der Arten sein, unter Berücksichtigung der Roten Listen der vom Aussterben bedrohten Tier- und Pflanzenarten. Ein weiteres Kriterium wäre der Wert der Arten für die Strukturen und Funktionen von Ökosystemen. Es geht um sogenannte Schlüsselarten.[19] Dies sind beispielsweise die »Top-Räuber« (Wolf, Luchs oder Fischotter), aber auch Arten, die Landschaften formen (Biber), oder Arten, die eine besonders große Rolle bei der Bestäubung, Samenausbreitung, der Bodenbildung oder anderen Ökosystemfunktionen und -leistungen spielen (Regenwürmer). Schließlich könnten darunter Arten fallen, die einen besonderen nicht-materiellen, kulturellen Wert für Menschen haben, wie Adler, Kraniche, Seehunde, Aale, Eichen oder das Edelweiß. Der Gesetzgeber kann diese Tier- und Pflanzenarten in einem ökologischen Gesetzbuch zu Rechtssubjekten erklären und ihnen zumindest das Recht auf Leben und Entfaltung in ihrer ökologischen Umwelt garantieren. Auch hier muss der Gesetzgeber weiterführend regeln, wer diese Tier- und Pflanzenarten bei der Wahrnehmung ihrer Rechte vertritt, beispielsweise Naturschutzverbände oder eine spezielle Biodiversitätsanwaltschaft. Wenn es zu Konflikten zwischen den Rechten dieser Arten und den Grundrechten von Menschen und Unternehmen kommt, hat eine Abwägung stattzufinden, die sich an den bereits aufgezeigten Grundsätzen des konvivialen Nachhaltigkeitsprinzips orientiert. Im Ergebnis muss durch diese Abwägung der Bestand dieser Tier- und Pflanzenart entsprechend dem ersten Artikel des konvivialen Gesellschaftsvertrags gewährleistet bleiben und die Abhängigkeit der Menschen von der Nutzung dieser Art im Rahmen des zweiten Artikels des konvivialen Gesellschaftsvertrags entsprechend dem konvivialen Gegenseitigkeitsverhältnis ausgestaltet werden.

Nachhaltiges Eigentum

Dem Eigentum wird auch in der biodiversen Gesellschaft eine zentrale Bedeutung zukommen. Zwar sind viele der Auffassung, dass sich eine ökologische und damit auch biodiverse Gesellschaftsordnung und die Eigentumsgarantie politisch ausschließen. Doch das ist nicht der Fall. Ganz im Gegenteil! Die ökologisch nachhaltige Ausgestaltung der Eigentumsordnung kann einen zentralen Beitrag zur sozial-ökologischen Transformation der Sozial- und Wirtschaftsordnung von der industriellen Wohlfahrtsgesellschaft zu einer biodiversen Gesellschaftsordnung leisten. Dafür kommt es darauf an, die Eigentumsgarantie von einem Recht auf Natur- und Biodiversitätszerstörung in ein Recht der Natur- und Biodiversitätsbewahrung und -förderung zu verwandeln. Wie wandlungsfähig die Eigentumsgarantie in westlichen Verfassungsordnungen ist, hat sie mit Blick auf die »soziale Frage« bereits unter Beweis gestellt. Die »soziale Frage« wurde durch die Industrialisierung aufgeworfen und hat in harten politischen Auseinandersetzungen zur verfassungsrechtlichen Anerkennung der »Sozialpflichtigkeit« des Eigentums geführt. Das Eigentum wird vom Grundgesetz nicht als ein »egoistisches« Recht garantiert, sondern soll sozial in die gesellschaftliche Ordnung eingebettet sein. Es geht also nicht einfach um eigentumsbasierte »Marktwirtschaft«, sondern um eine »soziale Marktwirtschaft«. Das Eigentum ist sich seiner sozialen Verantwortung bewusst; und die Rechtsordnung gestaltet diese soziale Verantwortung des Eigentums aus. Heute müssen wir neben der »sozialen Frage« auch die »ökologische Frage« verfassungsrechtlich beantworten. Auch sie wurde durch die Industrialisierung aufgeworfen und wartet noch immer auf eine nachhaltige Antwort. Das Eigentumsrecht war und ist überwiegend immer noch das Recht, die Natur und damit auch die Biodiversität auszubeuten und zu zerstören. Dem kann und muss die nachhaltige Verfassungsordnung der biodiversen Gesellschaft die »Ökologiepflichtigkeit«[20] des Eigentums entgegensetzen.

Wie die Ökologiepflichtigkeit des Eigentums ausgestaltet werden kann, lässt sich am Beispiel der Eigentumsgarantie des Grundgesetzes zeigen. Das Eigentum ist in Art. 14 GG geregelt. In einem ersten Schritt bestimmt das Grundgesetz, dass das Eigentum als ein Grundrecht gewährleistet ist (Art. 14 Abs. 1 Satz 1 GG). In einem zweiten Schritt hält das Grundgesetz fest, dass der Inhalt und die Schranken des Eigentums durch die Gesetze bestimmt werden (Art. 14 Abs. 1 Satz 2 GG). Und in einem dritten Schritt verfügt das Grundgesetz, dass »Eigentum verpflichtet« (Art. 14 Abs. 2 Satz 1 GG) und dass sein Gebrauch zugleich dem Wohl der Allgemeinheit dienen muss (Art. 14 Abs. 2 Satz 2 GG). In diesen knappen Sätzen stellt das Grundgesetz alle rechtlichen Instrumente zur Verfügung, um die sozial-ökologische Transformation des Eigentums in der biodiversen Gesellschaft demokratisch zu gestalten. Es ist die Aufgabe des demokratischen Gesetzgebers, den Inhalt und die Schranken des Eigentums so zu fassen, dass nicht nur der Sozial-, sondern auch der Ökologiepflichtigkeit des Eigentums im Sinn des Allgemeinwohls der biodiversen Gesellschaft Rechnung getragen wird.

Um diesem demokratischen Gestaltungsauftrag zu genügen, kann sich der Gesetzgeber am konvivialen Nachhaltigkeitsprinzip orientieren.[21] Die Eigentumsordnung der biodiversen Gesellschaft muss – als Ausdruck des ersten Artikels des konvivialen Gesellschaftsvertrags – die Werte der Natur und damit auch der Biodiversität respektieren. Dies kann der demokratische Gesetzgeber einer biodiversen Gesellschaft dadurch erreichen, dass er – erstens – bestimmte ökologische Akteurinnen und Akteure von der Eigentumsordnung ausnimmt, um sie aufgrund ihrer multiplen Werte zu schützen. Beispiele dafür sind bereits heute das Wasser eines fließenden oberirdischen Gewässers und das Grundwasser, die nicht eigentumsfähig sind.[22] Dies lässt sich auf andere ökologische Akteurinnen und Akteure ausdehnen, beispielsweise auf besonders schützenswerte Tier- und Pflanzenarten. Ein Schutz von ökologischen Akteurinnen und Akteuren um ihrer vielfältigen Werte willen kann der Gesetzgeber aber – zweitens – auch dadurch sicherstellen, dass er sie als ökologische juristische Personen anerkennt und ihnen selbst die Eigentumsfähigkeit zuspricht. Dies ist beispielsweise bei Ökosystemen möglich, deren Integrität auf diese Weise eigentumsrechtlich abgesichert wird. Wir kommen auf die Art und Weise, wie man dies konkret ausgestalten kann, zurück. Die Eigentumsordnung der biodiversen Gesellschaft muss – als Ausdruck des zweiten Artikels des konvivialen Gesellschaftsvertrags – aber auch die Abhängigkeit der Menschen von der Natur in der Ökologiepflichtigkeit menschlichen Eigentums reflektieren. Dies bedeutet: Soweit die Menschen über Eigentum verfügen, sind dessen Schranken so zu ziehen, dass keine ökologischen Schäden verursacht werden. So dürfen die Menschen, wenn sie Eigentümerinnen und Eigentümer von Natur sind, diese nur nachhaltig nutzen. Soweit beispielsweise ein Wald in menschlichem Eigentum steht, ist dieser nachhaltig zu pflegen und zu bewirtschaften. Wenn Menschen über Eigentum verfügen, das die Natur und damit auch die Biodiversität – wie beispielsweise Automobile oder Fabriken – zu schädigen in der Lage ist, muss dies entweder ausgeschlossen oder jedenfalls kompensiert werden. Die verfassungsrechtliche Grundstruktur einer ökologischen Transformation des Eigentums ist bereits in dem Eigentumsverständnis des Grundgesetzes angelegt; und es gibt auch schon Beispiele in unserer geltenden Eigentumsordnung, die – wie die fehlende Eigentumsfähigkeit des Grundwassers – eine Vorbildwirkung für eine zukunftsfähige Gestaltung des Eigentums in der biodiversen Gesellschaft entwickeln. Die Entfaltung einer ökologischen Eigentumsordnung ist ganz allein eine Frage des politischen Willens; und wir werden uns schnell an sie gewöhnen.

So bleibt vor allem ein Punkt, der weiterführender Diskussion bedarf, weil die nachhaltige Verfassungsordnung hier juristisches Neuland betritt: die Anerkennung der Natur als Eigentümerin. Das Verständnis der Natur als Eigentümerin knüpft an die Überlegungen zu den Rechten der Natur an: Wenn die Natur ein Rechtssubjekt ist, können ihr nicht nur Rechte zukommen, die ihre Integrität schützen. Vielmehr ist es dann auch möglich, dass der Gesetzgeber der Natur das Recht zumisst, auch Eigentümerin zu sein. Der Philosoph Tilo Wesche hat das Konzept der Natur als Eigentümerin im Rahmen seiner Theorie »nachhaltigen Eigentums« programmatisch entfaltet:[23] Die Anerkennung der Natur als Eigentümerin ergibt sich in der Tradition westlichen Denkens aus der Idee des Eigentums selbst. Wenn eine Person eine vermögenswerte Leistung erbringt, so ist ihr grundsätzlich auch diese vermögenswerte Position als rechtlich gesichertes Eigentum zuzuordnen. Diese eigentumsbegründende Idee lässt sich auf Ökosysteme übertragen. Denn diese erbringen Ökosystemleistungen, die bereits in unserer Gesellschaft, aber erst recht in der biodiversen Gesellschaft einen Vermögenswert darstellen. Dieser ist als Eigentumsposition des

Ökosystems zu schützen. Damit beruht die Anerkennung der Eigentumsfähigkeit der Natur auf der ideellen und rechtlichen Logik des Eigentums, das bereits unsere gesellschaftliche Praxis mit Blick auf individuelles und wirtschaftliches Eigentum prägt. Aber nicht nur die Möglichkeit, sondern auch die Schranken des Eigentums ergeben sich nach der Auffassung von Tilo Wesche aus einem nachhaltigen ökologischen Leistungsverständnis: Die Natur – ein konkretes Ökosystem – ist Eigentümerin an den ökologischen Gütern, die sie in Form von Ökosystemleistungen produziert. Dies gilt aber nur unter der Bedingung, dass die Natur – also das konkrete Ökosystem – dadurch nicht degradiert, zerstört oder geschädigt wird. Das Eigentum der Natur setzt immer die Integrität der Natur voraus. Die menschliche Verwertung von Ökosystemleistungen darf nicht zur Zerstörung des Ökosystems führen. Vielmehr muss dessen Ökobilanz immer »stimmen«; und daraus folgt: Das Konzept der Eigentumsfähigkeit eines Ökosystems ist von vornherein ökologisch beschränkt. Die Eigentumsordnung darf sich nicht gegen die Natur selbst wenden. Das ökologische Eigentumskonzept, das Tilo Wesche vorstellt, ist von vornherein durch Nachhaltigkeitspflichten und das »allgemeine Gebot zur ausgeglichenen Ökobilanz«[24] beschränkt.[25]

Dieses Konzept des nachhaltigen Eigentums der Natur ist unmittelbar für das konviviale Nachhaltigkeitsprinzip anschlussfähig. Denn es garantiert mit der Integrität des Ökosystems als Eigentumssubjekt den ersten Artikel des konvivialen Gesellschaftsvertrags, also den Schutz der Natur – des konkreten Ökosystems – aufgrund seines Eigenwerts, aber auch seiner Werte für die Menschen, seiner Ökosystemleistungen und damit seines Vermögens. Zugleich bildet es die Grundlage, um als Ausdruck des zweiten Artikels des konvivialen Gesellschaftsvertrags die Abhängigkeit des Menschen von der Natur eigentumsrechtlich auszugestalten. Das konviviale Gegenseitigkeitsverhältnis von Natur und Mensch lässt sich über das Konzept nachhaltigen Eigentums in jedem Einzelfall spezifisch konkretisieren. Die Eigentumsfähigkeit der Natur ist die rechtliche Voraussetzung, damit das konviviale Nachhaltigkeitsprinzip in einer biodiversen Gesellschaft juristisch umgesetzt werden kann.

Ökologische Demokratie

Wir haben bereits im Kontext der ersten Profilierung des Nachhaltigkeitsverständnisses durch Hans Carl von Carlowitz gesehen, dass sich nachhaltige Gesellschaftsordnungen nicht von selbst herstellen. Sie brauchen eine »Einrichtung«, wie es Carlowitz ausdrückte, einen institutionellen Rahmen und damit eine politische Ordnung, die das Nachhaltigkeitsprinzip ernst nimmt und vor allem auch konsequent umsetzt. Allerdings ist im Kontext der konvivialen Transformation des Nachhaltigkeitsgrundsatzes ebenfalls bereits deutlich geworden, dass sich unsere gegenwärtige Verfassungsordnung mit der Umsetzung nachhaltiger Politiken schwertut, weil sie unter ökologischen Wahrnehmungsdefiziten leidet und deshalb die soziale und ökonomische Interessendurchsetzung gegenüber der Gewährleistung ökologischer Belange strukturell privilegiert. Dies muss sich in der Demokratie einer biodiversen Gesellschaft ändern. Verfassungsrechtlich genügt es dafür jedoch nicht, die Rechte und insbesondere die Eigentumsfähigkeit der Natur anzuerkennen. Denn ein Recht zu haben, heißt nicht automatisch, auch Recht zu bekommen.

Vielmehr muss der gesamte demokratische Prozess in der biodiversen Gesellschaft an ökologischer Sensibilität gewinnen. Um dies zu gewährleisten, sind in der nachhaltigen Verfassungsordnung der biodiversen Gesellschaft zwei strukturelle Weichenstellungen erforderlich: erstens die Einführung des ökologischen Staatsprinzips und des biodiversen Staatsziels und zweitens die institutionelle Verankerung eines ökologischen Bewusstseins in allen demokratischen Staatsorganen. Was dies konkret heißt, lässt sich anhand der Transformation des Grundgesetzes in die Verfassungsordnung einer biodiversen Gesellschaft veranschaulichen.

In das Grundgesetz müssen zunächst das ökologische Staatsprinzip und die biodiverse Staatszielbestimmung eingefügt werden.[26] Die Staatsprinzipien bilden die Grundlage jeder Verfassungsordnung und ordnen den gesamten Verfassungsprozess. Sie finden sich in Art. 20 Abs. 1–3 GG. Nach dieser Regelung ist Deutschland eine demokratische, rechtsstaatliche, soziale und föderale Republik. Das ökologische Staatsprinzip sollte in diese Regelung aufgenommen werden, um die Bundesrepublik zu einem demokratischen, sozialen und *ökologischen* Bundesstaat weiterzuentwickeln. Diese ökologische Ergänzung der Staatsprinzipien hat weitreichende verfassungsrechtliche Konsequenzen. Die Verfassungsordnung der Bundesrepublik erhält dadurch eine ökologische Legitimation, und alle Staatsorgane müssen infolgedessen auch ökologisch handeln. Welchem Ziel diese ökologische Politik zu folgen hat, wird sodann in der ökologischen Staatszielbestimmung des Art. 20 a GG vorgegeben. Wir haben aber schon gesehen, dass die aktuelle Fassung der Staatszielbestimmung »Umweltschutz« des Grundgesetzes nicht genügt, um das ökologische Handeln aller Staatsorgane effektiv zu steuern. Nach dem geltenden Wortlaut des Art. 20 a GG schützt der Staat auch in Verantwortung für die künftigen Generationen die natürlichen Lebensgrundlagen und die Tiere im Rahmen der verfassungsmäßigen Ordnung durch die Gesetzgebung und nach Maßgabe von Gesetz und Recht durch die vollziehende Gewalt und die Rechtsprechung. Das Grundgesetz muss als Verfassung einer biodiversen Gesellschaft seine ökologische Staatszielbestimmung sehr viel klarer und konkreter fassen. Dabei wären nicht nur die Erhaltung und Bewahrung der Biodiversität besonders hervorzuheben, sondern neben den weiteren dringenden ökologischen Herausforderungen insbesondere auch der Grundsatz der internationalen und intergenerationellen Umweltgerechtigkeit als Staatsziel auszuweisen. Insofern könnte sich die folgende Neufassung des ökologischen Staatsziels in Art. 20 a GG anbieten: Die Natur, die Tiere und die Pflanzen sind zu achten und zu schützen. Die Biodiversität ist zu erhalten. Ökosysteme und das Klima sind zu bewahren. Der Staat gewährleistet umweltgerechte Lebensverhältnisse für die gegenwärtigen und künftigen Generationen.[27]

Mit dieser Verankerung des ökologischen Staatsprinzips und des ökologischen Staatsziels ist die Grundlage für die weitere Ausdifferenzierung einer nachhaltigen Verfassungsordnung der biodiversen Gesellschaft in der Bundesrepublik gelegt. Diese wird sich jedoch nur dann angemessen entwickeln, wenn allen Staatsorganen des Grundgesetzes spezifische ökologische Funktionen zugewiesen werden, sodass sie insbesondere auf den Schutz der Biodiversität bei allen ihren demokratischen Entscheidungen achten.[28] So muss zunächst das ökologische Bewusstsein des Bundestags geschärft werden. Dies kann beispielsweise dadurch geschehen, dass jedes Jahr nicht nur eine finanzpolitische, sondern auch eine ökologische Haushaltsdebatte geführt wird. In dieser legt die

Bundeskanzlerin bzw. der Bundeskanzler die ökologischen Richtlinien der Politik der Bundesregierung dar und alle Bundesministerinnen und Bundesminister erläutern, wie diese in ihren Ressorts umgesetzt werden. Der Bundestag bildet darüber hinaus einen Ausschuss der Natur, in dem neben Bundestagsabgeordneten auch ökologischer Sachverstand vertreten ist. Die ökologische Sachkompetenz des Bundestags wird durch die Schaffung des Amts einer bzw. eines unabhängigen Naturbeauftragten erhöht, die bzw. der zum Schutz der Rechte der Natur und des ökologischen Staatsziels die parlamentarische Kontrolle ausübt, insbesondere durch ein unabhängiges Untersuchungsrecht. Die Bundesregierung erhält ebenfalls ein ökologisches Aufgabenprofil. So wird die Bundeskanzlerin bzw. der Bundeskanzler verpflichtet, die ökologischen Richtlinien der Politik für die Arbeit der Bundesregierung zu formulieren und diese im Parlament zu erläutern. Darüber hinaus sollte der Bundesumweltministerin bzw. dem Bundesumweltminister ein Widerspruchsrecht gegen Entscheidungen der Bundesregierung von ökologischer Bedeutung eingeräumt werden, das nur durch eine Mehrheit der übrigen Bundesministerinnen und Bundesminister zurückgewiesen werden kann, wenn die Bundeskanzlerin bzw. der Bundeskanzler mit dieser Mehrheit stimmt. Der Bundesrat wirkt ebenfalls an der ökologischen Entwicklung der Bundesrepublik zu einer biodiversen Gesellschaft mit. Er bildet dafür eine Ökologische Kammer, die auf ökologische Fragen spezialisiert ist. Die Bundespräsidentin oder der Bundespräsident bekommt als Staatsoberhaupt explizit die Aufgabe zugewiesen, auf das ökologische Allgemeinwohl in der biodiversen Gesellschaft zu achten. Darüber hinaus wird bei der Bundespräsidentin oder beim Bundespräsidenten ein Rat für ökologische Entwicklung einberufen, der auch über das Recht verfügt, ökologische Gesetzesentwürfe in den Bundestag einzubringen. Auf diese Weise wird das ökologische Verfassungsbewusstsein in der biodiversen Gesellschaft nachhaltig erhöht.

Recht auf Zukunft

Es bleibt ein letzter, aber ganz zentraler Baustein der nachhaltigen Verfassungsordnung einer biodiversen Gesellschaft: das Recht auf Zukunft. Dies ist deshalb von entscheidender Bedeutung, weil Demokratien zu politischer Kurzsichtigkeit neigen. Einerseits ist es für sie essenziell, dass in regelmäßigen Abständen allgemeine Wahlen stattfinden. Andererseits sorgen die vier- oder fünfjährigen Legislaturperioden dafür, dass sich die gesamte Politik auf den nächsten Wahltermin konzentriert; und die nächste Wahl steht immer vor der Tür. Auf diese Weise geraten langfristige politische Ziele und damit insbesondere die Belange künftiger Generationen aus dem politischen Blick des repräsentativen Regierungssystems. Dies gilt insbesondere für die ökologischen Interessen einer biodiversen Gesellschaft, die dem konvivialen Nachhaltigkeitsprinzip verpflichtet ist. Aus diesem Grund ist es wichtig, dass die internationale und intergenerationelle Umweltgerechtigkeit ausdrücklich als ein Staatsziel der nachhaltigen Verfassungsordnung einer biodiversen Gesellschaft ausgewiesen wird.

Ein zentrales Instrument, um die intergenerationelle Umweltgerechtigkeit auch praktisch umzusetzen, ist das »Recht auf Zukunft«.[29] Dieses geht auf den Klima-Beschluss des Bundesverfassungsgerichts vom 24. März 2021 zurück. In der

Sache hatte das Bundesverfassungsgericht über das Klimaschutzgesetz 2019 zu entscheiden. Dieses sah vor, dass die Treibhausgasemissionen bis 2030 um mindestens 55 Prozent im Vergleich zum Jahr 1990 gesenkt werden. Für die Zeit nach 2030 wurde die Bundesregierung dazu ermächtigt, durch Rechtsverordnung die jährlich absinkenden Emissionsmengen vorzugeben. Nach der Auffassung der Karlsruher Richterinnen und Richter waren diese Regelungen des Klimaschutzgesetzes 2019 verfassungswidrig, weil sie die Hauptreduktionslasten von Treibhausgasemissionen zu Lasten jüngerer Generationen in die Zukunft verschoben hatten, anstatt sie gerecht über die Generationen zu verteilen.[30] Die entscheidende Neuerung des Klima-Beschlusses liegt aber darin, dass das Bundesverfassungsgericht vor allem jungen Menschen ein »Recht auf intertemporale Freiheitssicherung«[31] (Art. 2 Abs. 1 i. V. m. Art. 20 a GG) zusprach, das die Richterinnen und Richter durch das Klimaschutzgesetz 2019 als verletzt ansahen. Denn die Reduktion von Treibhausgasemissionen ist nur möglich, wenn Freiheiten eingeschränkt werden. Deshalb bedeutete die Verschiebung der Hauptreduktionslasten von Treibhausgasemissionen auf die Zeit nach 2030 zugleich eine unverhältnismäßige Einschränkung der freien Entfaltung junger Menschen in der Zukunft. Demgegenüber verlangt das Recht auf intertemporale Freiheitssicherung, dass die Freiheitsbeschränkungen, die mit den Reduktionslasten von Treibhausgasemissionen zwangsläufig verbunden sind, gerecht auf die Generationen verteilt werden, damit die Freiheit heute lebender junger Menschen und künftiger Generationen nicht unangemessen verkürzt wird. Auf diese Entscheidung des Bundesverfassungsgerichts hat der Gesetzgeber unmittelbar reagiert, indem er die Minderungswerte für Treibhausgasemissionen von 55 Prozent auf

»mindestens 65 Prozent« bis 2030 verschärfte und um eine Reduktion auf mindestens 88 Prozent bis 2040 ergänzte.[32]

Doch mit dieser Gesetzeskorrektur hat sich das Recht auf Zukunft keineswegs erledigt. Denn nicht nur der Klimawandel, sondern auch der dramatische Verlust der Biodiversität bedrohen die Zukunft junger Menschen und künftiger Generationen. Aus diesem Grund bildet das Recht auf Zukunft einen sehr wichtigen, prospektiven Bestandteil der nachhaltigen Verfassungsordnung jeder biodiversen Gesellschaft; und es muss – über die Rechtsprechung des Bundesverfassungsgerichts hinaus – weiter ausdifferenziert werden, wenn es die menschliche Zukunft in einer biodiversen Gesellschaft angemessen sichern soll. Denn ökologische Entscheidungen, die wir heute treffen, können nicht nur die Freiheit, sondern auch die Gleichheit und die gesellschaftliche Teilhabe von jungen Menschen und künftigen Generationen gefährden und verkürzen. Deshalb sind neben dem Recht auf intertemporale Freiheitssicherung, das die Karlsruher Richterinnen und Richter in ihrem Klima-Beschluss »entdeckt« haben, auch ein Recht auf intertemporale Gleichheitssicherung und ein Recht auf intertemporale Teilhabesicherung in der Rechtspraxis der biodiversen Gesellschaft anzuerkennen.[33] Das Recht auf intertemporale Freiheitssicherung junger Menschen und künftiger Generationen ist und bleibt – ganz im Sinn des Karlsruher Klima-Beschlusses – ein individuelles Abwehrrecht, das sich gegen staatliche Entscheidungen, Maßnahmen oder Regelungen in der Gegenwart richtet, welche die Freiheitsentfaltung in der Zukunft unverhältnismäßig verkürzen. Es findet seine Rechtsgrundlage in der Allgemeinen Handlungsfreiheit (Art. 2 Abs. 1 GG) in Verbindung mit dem ökologischen Staatsziel (Art. 20a GG) und dient insbesondere der Sicherung einer nachhaltigen und generationengerechten Klimapolitik. Das Recht auf intertemporale Gleichheitssicherung ist ein individuelles Gleichheitsrecht, das die gerechte Verteilung von knappen Gütern über die Zeit sichert. Es findet seine Rechtsgrundlage in dem Allgemeinen Gleichheitssatz (Art. 3 Abs. 1 GG) in Verbindung mit dem ökologischen Staatsziel (Art. 20 a GG) und ist insbesondere auf eine nachhaltige und generationengerechte Ressourcenpolitik gerichtet. Das Recht auf intertemporale Teilhabesicherung ist ein individuelles Teilhaberecht, das eine angemessene Partizipation an allen ökologischen Infrastrukturen über die Zeit garantiert. Es findet seine Rechtsgrundlage in der Allgemeinen Handlungsfreiheit (Art. 2 Abs. 1 GG) und im Allgemeinen Gleichheitssatz (Art. 3 Abs. 1 GG) in Verbindung mit der ökologischen Staatszielbestimmung (Art. 20 a GG) und zielt insbesondere darauf, dass auch junge Menschen und künftige Generationen in einer biodiversen Welt leben können. Wenn heute eine Art ausstirbt, ist der Eigenwert dieser Art für immer vernichtet, werden die Menschen in der Zukunft diese Art niemals erleben können, stehen die Leistungen, die diese Art im Ökosystem und für die Menschen heute erbringt oder in Zukunft erbringen könnte, zukünftigen Generationen nicht zur Verfügung. Die Eigenschaften und Fähigkeiten der heutigen Arten in Form ihrer genetischen Anpassungen an harsche Umweltbedingungen oder an Schädlinge oder ihre Funktionen und Ökosystemleistungen, beispielsweise im Hinblick auf pharmazeutische Wirkstoffe, sind nicht einmal ansatzweise bekannt. Damit stellt das Aussterben einer Art eine fundamentale Einschränkung der Freiheit der zukünftigen Generationen dar. Um gerade dies zu verhindern, braucht die biodiverse Gesellschaft ein Recht auf Zukunft.

VI. Wissenschaft: Biodiverse Wissenskultur

Die biodiverse Gesellschaft ist eine wissensbasierte Gesellschaft. Wissen ist eine unverzichtbare Ressource des konvivialen Gesellschaftsvertrags. Jedes Handeln ist wissensgeleitet. Individuelles Wissen beruht auf der Kodierung von Erfahrungen. Menschen besitzen die Fähigkeit, Handlungen und deren Resultate zu antizipieren, die gemachten Erfahrungen mental zu speichern und an neue Zwecke anzupassen. Wissen wird jedoch nicht nur individuell verarbeitet und gespeichert, sondern auch sozial geteilt und in mündlicher, visueller und schriftlicher Form über Generationen hinweg weitergegeben, verändert, akkumuliert, nicht selten aber auch vergessen. So verstanden, ist Wissen eine anthropologische Konstante, eine notwendige Ressource für das Überleben von Individuen und Gesellschaften in sich dynamisch verändernden Umwelten. Und in diesem Sinne können wir beispielsweise schon das antike Ägypten, dessen Machtentfaltung auf der Verbindung von religiösem, astronomischem und agrarischem Wissen beruhte, als eine Wissensgesellschaft beschreiben. Dieser anthropologische Wissensbegriff ist jedoch nicht gemeint, wenn wir heute von Wissensgesellschaften sprechen, in denen alle Lebensbereiche durch und durch von *wissenschaftlichem* Wissen geprägt sind. Fortgeschrittene Wissensgesellschaften in diesem Sinne haben sich seit dem späten 19. Jahrhundert allmählich herausgebildet.[1] Das gesellschaftliche Teilsystem Wissenschaft hat seine Funktionen kontinuierlich ausgedehnt. Es durchdringt Politik und Wirtschaft, Technik und Kultur, Gesundheit und Öffentlichkeit, kurzum alle Lebensbereiche. Es wird zur treibenden Kraft gesellschaftlichen Wandels.

Wissenschaftliches Wissen hebt die Bedeutung der klassischen Produktionsfaktoren Boden, Arbeit und Kapital zwar nicht auf, überformt und überlagert sie aber. Es steht dabei jedoch in einer strukturellen Deutungskonkurrenz zu anderen Wissensformen. Es muss seine Fähigkeit, die Komplexität der Welt zu erklären und die großen und kleinen Probleme der Menschen zu lösen, stets von Neuem unter Beweis stellen – in Abgrenzung etwa zu religiösem Wissen, praktischem Erfahrungswissen, lokal spezifischem Wissen oder auch zum Wissen nicht-menschlicher Akteure.

Wissenschaftliches Wissen gilt üblicherweise als neutral. Es kann für gute und für schlechte Zwecke verwendet, für zivile und militärische Ziele eingesetzt werden. Diese weitverbreitete Position spricht Forscherinnen und Forscher für die Folgen des von ihnen produzierten Wissens frei und enthebt sie der gesellschaftlichen Verantwortung für ihr Tun. Mit dem Wissenschaftshistoriker und Anthropozän-Forscher Jürgen Renn sollten wir jedoch die Frage stellen, ob wir Expertinnen und Experten in einer biodiversen Gesellschaft »tatsächlich so einfach davonkommen lassen und zulassen, dass sie sich vor der Verantwortung drücken«? Statt sich an dem überkommenen, längst als Chimäre entlarvten Ideal der Objektivität der Wissenschaft festzuhalten, gilt es, zu einem Verständnis beizutragen, »was in einer gegebenen Situation moralisch richtig ist und somit eine Grundlage für ethische Entscheidungen und politisches Handeln liefern« kann.[2]

So verstanden, liegt eine der zentralen Herausforderungen für eine biodiverse Gesellschaft darin, intensiv zu prüfen, welche Formen des Wissens wir zur Lösung der Doppelkrise von Verlust der Biodiversität und Klimawandel benötigen und an welche Wertvorstellungen diese rückgebunden werden müssen. Denn jeder Gesellschaft steht es frei, die Normen dafür festzulegen, wie Wissen zu produzieren ist, wie es geteilt wird und für welche Ziele es eingesetzt werden soll. Wenn sich dabei zeigt, dass bisher unhinterfragte, als erstrebenswert geltende Normen und Formen der Wissenschaft sich für die Erreichung von Biodiversitätszielen als dysfunktional erwiesen haben, ist es im Sinne von Immanuel Kant ein kategorischer Imperativ, korrigierend einzugreifen. Um noch einmal Renn zu zitieren: Wir müssen »allein den Grundsatz anerkennen, dass das Überleben und Gedeihen der menschlichen Spezies in ihren Zusammenhängen mit allem anderen Leben auf diesem Planeten das höchste Gut darstellt – möglicherweise verbunden mit der ernüchternden, doch zugleich befreienden Einsicht, dass das menschliche Leben letzten Endes nicht mehr als ein Selbstzweck ist.«[3]

Welche Wissensformen und welche Wissensökonomien brauchen wir also, um das gesamte ökologische Wissen der Vielfalt von Kulturen in unseren Gesellschaften repräsentiert zu sehen? Welche Werte und Normen sollen einer inter- und transdisziplinär gestalteten Wissenskultur zugrunde liegen, die uns helfen kann, die Doppelkrise von Biodiversitätsverlust und Klimawandel zu bewältigen?

Komplexes Wissen

Seit Aristoteles sind die Bemühungen nicht abgerissen, das Gesamtgebiet des Wissens zu klassifizieren, wobei für den griechischen Philosophen die menschliche Wahrnehmung das Fundament jeglichen Wissenserwerbs war.[4] Ob die antike griechische Wissenschaft, der Mohistische Kanon in China um das Jahr 300 vor unserer Zeitrechnung, die arabische Naturwissenschaft, die mittelalterliche Scholastik oder die frühneuzeitliche Naturphilosophie: All diese Wissenschaftssysteme bemühten sich um eine meist hierarchisch gestufte Ordnung von Wissensgebieten.[5]

Das aus heutiger Sicht folgenreichste Klassifikationsschema entstand, als sich in Europa das System der wissenschaftlichen Disziplinen herauszubilden begann. Die Ablösung der Naturphilosophie durch die modernen Wissenschaften in der »Sattelzeit« (Reinhart Koselleck) des späten 18. und frühen 19. Jahrhunderts basierte auf dem völlig neuen, strukturbildenden System der Disziplinen. Im Unterschied zu allen bisherigen Ordnungssystemen ist das System der Disziplinen prinzipiell egalitär und inklusiv. Es privilegiert weder bestimmte Disziplinen noch bestimmte Formen wissenschaftlichen Wissens. Zwar lassen sich im historischen Verlauf Unterschiede im wissenschaftlichen und gesellschaftlichen Prestige der Disziplinen feststellen, die sich verändern und verschieben können und in den verschiedenen Wissenschaftskulturen unterschiedlich gelagert sind. So galten etwa über weite Strecken des 19. und 20. Jahrhunderts hinweg die physikalischen Wissenschaften international als Leitwissenschaften, um anschließend von den Lebenswissenschaften in dieser Position abgelöst zu werden. Und auch das Verständnis dessen, was etwa als grundlagenbezogene oder als angewandte Forschung gilt und gesellschaftlich bewertet wird, variiert zeitlich und räumlich. Das disziplinenbezogene Ordnungssystem kennt grundsätzlich keine festgeschriebenen Hierarchien der jeweiligen Disziplinen und Wissensformen.[6]

Das System der wissenschaftlichen Disziplinen lässt sich auf vier Ebenen beschreiben: erstens auf der kognitiven Ebene als ein System von epistemischen Begriffen, Theorien und Methoden, die durch Forschung bestätigt, modifiziert oder verworfen werden; zweitens auf der sozialen Ebene als eine wissenschaftliche Gemeinschaft (*scientific community*) von Spezialistinnen und Spezialisten, die das kognitive Gebiet einer Disziplin verbindet; drittens auf der kommunikativen Ebene als ein stetig wachsender Kanon von Publikationen, die durch das Zitieren früherer Publikationen bestimmt werden. Disziplinen verfestigen sich viertens schließlich auf der institutionellen Ebene durch Fakultäten bzw. Lehrstühle an Universitäten, durch Ausbildungsprogramme in Form von Studiengängen und durch Fachzeitschriften als kommunikative Infrastrukturen. Hinzu tritt der Forschungsimperativ als eine verpflichtende Erwartung an die Mitglieder der disziplinär verfassten wissenschaftlichen Gemeinschaften. Er zeigt sich in der Systematik des wissenschaftlichen Arbeitsprozesses, in der Präferenz für das wissenschaftliche Neue und in der räumlichen Verankerung im naturwissenschaftlichen Forschungslabor bzw. geisteswissenschaftlichen Seminar.

Das disziplinenbasierte Wissenschaftssystem hat eine ungeheure Dynamik entfaltet. Es differenziert sich permanent weiter aus und lässt kontinuierlich neue Disziplinen und Subdisziplinen entstehen, die durch Spezialisierung für einen stetigen Zustrom neuen wissenschaftlichen Wissens sorgen. Weltweit kommen heute auf 1000 beschäftigte Personen rund 14,45 Wissenschaftlerinnen und Wissenschaftler; in Deutschland liegt dieser Wert bei 16,76 Wissenschaftlerinnen und Wissenschaftler: Tendenz steigend.[7] Gemeinsam veröffentlichen diese jährlich rund 2,4 Millionen Publikationen, Deutschland hat daran einen Anteil von gut 105 000.[8]

Worauf beruht nun die Stärke fachdisziplinär verfasster Wissensproduktion? Die Antwort lautet für die Naturwissenschaften: auf der systematischen Reduktion von Komplexität. Die Fachwissenschaften zerlegen die Welt in kleinteilige Wissensobjekte, die sie mit ihrem jeweiligen Methodenarsenal bearbeiten, um einzelne Ursache-Wirkungs-Zusammenhänge zu isolieren und anschließend kausal und quantitativ bestimmen zu können. Auch wenn das lange Zeit exponentielle Wachstum der Wissenschaft mittlerweile abgeflacht ist und eher linear verläuft, sind die enorme Leistungsfähigkeit und Kraft fachdisziplinärer Wissenschaft ungebrochen.

Interdisziplinäre Erweiterung des Wissens

Den großen Stärken und Vorteilen disziplinärer Wissenschaft stehen immanente Schwächen und Nachteile gegenüber. Der Soziologe Niklas Luhmann hat bereits zu Beginn der 1990er Jahre ein grundlegendes Problem disziplinärer Wissensproduktion prägnant herausgearbeitet: »Sobald die Disziplinen wie Eisschollen auseinanderbersten und, wenn auch im Wasser, ihrer eigenen Wege dümpeln: was wird dann aus dem ›dazwischen‹? Was wird aus ›übergreifenden Fragestellungen‹, die nur bearbeitet werden können, wenn das Fachwissen mehrerer Disziplinen zusammenkommt?«[9]

Der Biodiversitätsverlust ist ein solches »Dazwischen«,

das disziplinenübergreifend bearbeitet werden muss, um die Komplexität der Probleme vertieft verstehen zu können. Wie schon erwähnt, sind Ökosysteme in ihrer Diversität hochkomplexe Gebilde, die sich quantitativ nur schwer erfassen und räumlich abgrenzen lassen. Die biodiverse Gesellschaft benötigt daher eine Wissenschaft, die nicht auf der Reduktion von Komplexität beruht, sondern im Gegenteil auf einer Komplexitätssteigerung, auf dem Erkennen systemischer Zusammenhänge und auf der Zusammenführung des Wissens aus ganz unterschiedlichen Disziplinen.

Den Raum des »Dazwischen« bezeichnet der Begriff der Interdisziplinarität. Sie ist als Phänomen nicht neu, sondern in das System der disziplinären Wissensproduktion eingebaut. Denn eine neue Disziplin bildet sich meist in jenem Zwischenraum, der durch die etablierten Fächer noch nicht abgedeckt wird. »Interdisziplinarität« taucht als Begriff seit den 1920er Jahren auf und gewinnt mit der wachsenden Kritik an den Schwächen der disziplinär verengten Wissenschaft an Prominenz und Verbreitung. Der Konstanzer Wissenschaftsphilosoph Jürgen Mittelstraß hat im Jahr 1987 die »Stunde der Interdisziplinarität« eingeläutet.[10] Seither reist die aus der Kritik an der wachsenden Ausdifferenzierung und Spezialisierung des Wissens gespeiste Forderung nach interdisziplinärer Erkenntnis nicht ab.

Interdisziplinarität ist die kooperative Verknüpfung verschiedener Disziplinen, bei der die Grenzen zwischen den Disziplinen zwar überschritten werden, aber nicht aufgehoben sind. Interdisziplinarität mobilisiert die Stärken disziplinär verfasster Wissensproduktion und erweitert diese um die komplementären Wissensbestände anderer Disziplinen. Interdisziplinarität bedeutet, die Komfortzone der fachdisziplinären epistemischen Gemeinschaft zu verlassen und im

Streben nach Überwindung disziplinär verengter Perspektiven den Austausch mit anderen epistemischen Gemeinschaften zu suchen.

Die Herausforderungen interdisziplinärer Wissenschaft sind umso größer, je weiter die miteinander kooperierenden Disziplinen in ihren Erkenntnisinteressen und Fragestellungen, Theorien und Begriffen, Methoden und Evidenzpraktiken auseinanderliegen. Wenn etwa Wissenschaftlerinnen und Wissenschaftler aus Biologie und Ökologie, Agrarwissenschaft und Genomik zusammenarbeiten, um den Biodiversitätsverlust in mitteleuropäischen Agrarlandschaften zu erforschen, werden sie sich vergleichsweise rasch auf gemeinsame Forschungsziele und Begriffe sowie auf die Anwendung komplementärer Methoden einigen können. Wenn sich das Forschungsteam aber um Vertreterinnen und Vertreter der Umweltsoziologie und Umweltgeschichte, Landschaftsgeografie, Architektur und Kunstgeschichte mit dem Ziel erweitert, den Wandel dieser Landschaften als sozial-ökologischen Transformationsprozess in der Langzeitperspektive vertieft zu verstehen, werden die Herausforderungen interdisziplinärer Kooperation ungleich größer sein. Dann gilt es für alle Beteiligten, ihre Container vertrauter Begriffe und Konzepte, Fragestellungen und Methoden zu verlassen und sich auf unvertraute, ja, zunächst irritierende wissenschaftliche Konzepte, Begriffsdefinitionen und Denkstile einzulassen. In unserem Fall ist anzunehmen, dass bereits der Begriff der Diversität auf ganz unterschiedliche Weise verstanden würde.[11]

Und in der Tat braucht die Wissenschaft der biodiversen Gesellschaft kaum etwas dringender als ein erweitertes Verständnis von Diversität, um die Multidimensionalität der Interaktionen von Natur und Kultur, Umwelt und Gesellschaft erfassen zu können. Biodiverse Wissensproduktion muss insbesondere darauf abzielen, die Wechselwirkungen zwischen biologischer, technischer und kultureller Diversität aufzuzeigen. Der Mehrwert einer solchen »großen« Interdisziplinarität, die Naturwissenschaften, Sozialwissenschaften und Geisteswissenschaften überspannt, sei an zwei Beispielen verdeutlicht:

Archäologische Untersuchungen späteiszeitlicher Perioden der europäischen Besiedelungsgeschichte zeigen, dass Methoden der Brandrodung unmittelbare Effekte auf Biodiversität hatten, die bis heute nachwirken. Metaanalysen der globalen Biodiversität und deren Hotspots legen einen engen Wirkungszusammenhang zwischen kultureller und biologischer Diversität nahe.[12] Angesichts der schwindenden biologischen Vielfalt ruft dieser Befund auch dazu auf, die grob geschätzt 160 Millionen Objekte, die in den großen natur-, technik- und kulturhistorischen Forschungssammlungen Deutschlands liegen, durch Digitalisierung integrativ zu erschließen. Die interdisziplinäre Analyse der digitalen Primärdaten dieser Sammlungen ermöglicht ein vertieftes Verständnis der Zusammenhänge zwischen biologischer, technischer und kultureller Diversität. Sie liefert damit einen wichtigen Baustein, um gesellschaftliche Veränderungsprozesse mitgestalten und neue Wissensökonomien schaffen zu können.

Biosphäre, Atmosphäre, Lithosphäre, Kryosphäre etc. sind seit der Industrialisierung um die menschengemachte Technosphäre erweitert worden. Nach ersten, recht groben Schätzungen übertrifft die Diversität der auf rund 120 Millionen geschätzten technischen Spezies die Diversität der Biosphäre um weit mehr als eine Größenordnung.[13] Der Geologe Peter K. Haff verknüpft mit dem von ihm entwickelten Konzept der Technosphäre die weitergehende Annahme, dass sich die Technik mittlerweile der menschlichen Kontrolle entzogen hat und nach immanenten Kriterien weiterentwickelt.[14] Die Überprüfung dieser ebenso weitreichenden wie provokativen Hypothese erfordert die Mobilisierung von interdisziplinärem Wissen, wie sie etwa im jüngst neugegründeten, konsequent interdisziplinär organisierten Max-Planck-Institut für Geoanthropologie vorzufinden ist.[15] Zudem: Die Technosphäre und die Biosphäre entwickeln sich gegenläufig. Die Technosphäre wächst kontinuierlich. Ihr enormer Verbrauch an Ressourcen und Raum lässt die Biosphäre weiter schrumpfen. In dieser Gegenläufigkeit der Prozesse liegt eine der Hauptursachen des Verlusts der Biodiversität. Die scheinbare Zwangsläufigkeit und Unaufhaltsamkeit von Wachstum einerseits und Schrumpfung andererseits gilt es, in einer biodiversen Gesellschaft zu stoppen und im besten Fall umzudrehen. Ohne eine enge Verknüpfung von naturwissenschaftlichem, sozialwissenschaftlichem und geisteswissenschaftlichem Wissen kann das nicht gelingen.

Partizipative Öffnung des Wissens

In der biodiversen Gesellschaft ist Interdisziplinarität eine notwendige, aber keine hinreichende Voraussetzung, um die komplexen Wechselwirkungen zwischen ökologischen und gesellschaftlichen Veränderungen verstehen und mitgestalten zu können. Komplementär zur Überschreitung disziplinärer Grenzen werden auch die Grenzen zwischen Wissenschaft und Gesellschaft überschritten. Interdisziplinarität wird ergänzt durch Transdisziplinarität, die sich für außerwissenschaftliche Akteure öffnet und sie in die Wissensproduktion einbezieht.

Seit den 1970er Jahren häufen sich die Erwartungen an eine inkludierende Wissenschaft, die sich im Unterschied zur disziplinären und interdisziplinären Wissenschaft nicht durch Fachsprachen, formale Qualifikationen, spezialistische Methodenkenntnisse und professionsbezogene Mitgliedschaften abgrenzt und die Gesellschaft ausgrenzt, sondern ihr partizipative Teilhabe ermöglicht.[16] Unter dem Begriff der *Citizen Science* hat sich die Bürgerbeteiligung auf vielen Forschungsfeldern verbreitet, insbesondere in den biologischen Wissenschaften. Hier ist die Nähe zur auf die Vormoderne zurückgehenden Tradition amateurwissenschaftlicher Betätigung nie ganz verloren gegangen und in naturkundlichen Vereinen oder ornithologischen Gesellschaften durchgängig praktiziert worden.

Im Gegenteil, das Monitoring und der Schutz der Biodiversität sind ohne die hochqualitative, standardisierte, kontinuierliche Erfassung von Arten durch Bürgerinnen und Bürger nicht denkbar – dies umso mehr, als wir über die Artenvielfalt als das Netz und die Grundbedingung der biodiversen Gesellschaft letztlich sehr viel noch nicht wissen. Die Expertise der Citizen Scientists ist dabei auf drei Gebieten besonders bedeutend: erstens bei der Beschreibung neuer Arten und damit der Mehrung unseres Wissens über die Bausteine der Artenvielfalt. Dies betrifft vor allem taxonomische Gruppen, die in der institutionalisierten Wissenschaft vernachlässigt sind; zweitens in der Erhebung von Langzeit-Datenreihen zu Bestandsveränderungen von Arten, beispielsweise von Vögeln, Schmetterlingen oder Libellen. Die Bestände der Vögel werden auf dem gesamten nordamerikanischen Kontinent seit Mitte der 1960er Jahre mit standardisierter Methodik durch Citizen Scientists erhoben; und drittens in der Erfassung der Verbreitungsgebiete und des

Gefährdungszustands von Arten. Dadurch wird die Identifikation von Hotspots der Artenvielfalt ermöglicht, sowohl national als auch international, und die Erstellung von Roten Listen der vom Aussterben bedrohten Arten, ebenfalls national und international. Fast unser gesamtes Wissen über die Veränderung der Biodiversität, über Hotspots der Artenvielfalt und gefährdete Arten beruht auf von Laien erzeugtem Wissen. Dieses Wissen kann von Naturschutzverbänden und Behörden für das Einrichten von Naturschutzgebieten und für gezielte Artenschutzprogramme genutzt werden.

Obwohl sich Initiativen der Citizen Science bisweilen von der professionalisierten Forschung abzugrenzen versuchen, zeigen Untersuchungen zu ihren konkreten Praktiken, dass sie fast durchgängig die epistemischen Normen und Standards der etablierten Wissenschaft übernehmen.[17] Sehr erfolgreich ist dabei die Zusammenarbeit zwischen Bürgerwissenschaft und universitärer Statistik. Erstere führt die Langzeit-Bestandserhebungen durch. Letztere wertet die Daten mit aktuellen statistischen Verfahren aus und publiziert sie in Zusammenarbeit und Koautorenschaft mit der Bürgerwissenschaft in internationalen Fachzeitschriften. Ein besonders wirkmächtiges Beispiel für eine derartige Zusammenarbeit ist die berühmte Krefelder Studie, in der in drei deutschen Regionen ein Rückgang der Insektenbiomasse um mehr als 75 Prozent in einem Zeitraum von 27 Jahren dokumentiert wurde.[18] Diese Studie hat mehr als jede wissenschaftliche Veröffentlichung zuvor oder danach das Thema Insektensterben in Deutschland und darüber hinaus populär gemacht und große politische Wirkung erzielt, zum Beispiel im Hinblick auf das Bayerische Naturschutzgesetz[19] und auf die Verabschiedung eines Insektenschutzgesetzes.

Wichtige aktuelle Entwicklungen werden durch neue

Technologien und das Internet als Interface zwischen professioneller Forschung und Laienwissenschaften eröffnet. Autonome Technologien wie Kamerafallen und Audiorekorder bieten neue wirksame, nicht-invasive Möglichkeiten, ein breiteres Spektrum von taxonomischen Gruppen zu erfassen, das über die der bisher hauptsächlich erfassten Vögel und Tagschmetterlinge hinausgeht. Die Verarbeitung der Daten, möglichst in Echtzeit, ist jedoch sehr aufwendig. Aktuelle Ansätze zeigen das große Potential der Verbindung von maschinellem Lernen sowie anschließender Kontrolle und Verbesserung von Ergebnissen durch Citizen Science. Bürgerwissenschaftliche Wissensproduktion ermöglicht hier ein effektives Datenmanagement, wiederum als Grundlage für evidenzbasierte Naturschutzprogramme.[20]

Durch Citizen Science trägt die Gesellschaft dazu bei, Biodiversitätsforschung zu stärken und durch die Anwendung der erzielten Ergebnisse einen Beitrag zur Erhaltung der Artenvielfalt zu leisten. Die Teilnahme an Citizen-Science-Projekten wirkt wiederum auf die Bürgerinnen und Bürger zurück. Sie führt zu größerem Wissen über die Umwelt, zu höherem Umweltbewusstsein und zu einer positiveren Haltung gegenüber der Umwelt.[21] Eine erweiterte, stärker auf die Gesellschaft bezogene Zielsetzung verfolgt die Community Science. Auch sie ist Teil der partizipativen Öffnung der Wissenschaft zur Gesellschaft, verbindet dabei aber Bildungsziele mit kooperativer Forschung und Engagement für Probleme der Gemeinschaft. Community Science bedeutet, dass Menschen in einer Gemeinschaft (eine Gemeinde, eine Schule oder ein Verein) wissenschaftliche Methoden anwenden, um ihre eigene Gemeinschaft zu verstehen und zu verbessern. Auch diese Form inklusiver Wissenschaft hat einen Schwerpunkt in der Umweltforschung im Allgemeinen und im Biodiversitätsmonitoring im Besonderen. Dabei geht es über den unmittelbaren wissenschaftlichen Beitrag zur Erhaltung der Artenvielfalt hinaus um soziales Lernen, kollektive Aktionen und die Ermächtigung zu politischem Handeln. Mittlerweile liegt weltweit eine Fülle von Erfahrungen mit Community Science vor, die hoch erfolgreich biologische und kulturelle Diversität auf der lokalen Ebene gestärkt haben.[22]

Komplementär zum konvivialen Gesellschaftsvertrag leisten beide Formen partizipativer Wissenschaft, Citizen Science und Community Science, einen maßgeblichen Beitrag, um auch im Bereich der Wissenschaft einen neuen – ebenfalls metaphorisch gedachten – Gesellschaftsvertrag zu begründen. Der alte, in der westlichen Welt seit dem Ende des Zweiten Weltkriegs bestehende Vertrag basiert auf folgender Grundannahme: Wissenschaft erzeugt auf der Basis von freier, selbstorganisierter Grundlagenforschung einen stetigen Strom von neuem Wissen, das über Anwendungsforschung zu technischen Innovationen und schließlich zu wirtschaftlichem Wachstum und öffentlichem Wohlstand führt. Staat und Gesellschaft stellen der Wissenschaft im Vertrauen auf deren Eigengesetzlichkeit und Selbststeuerungsfähigkeit die nötigen Ressourcen bereit.[23] Vor allem seit dem Ende des Kalten Krieges hat sich immer deutlicher gezeigt, dass dieses lineare Modell des wissenschaftlich-technischen Fortschritts weder dem komplexen Zusammenspiel von wissenschaftlichem Wissen, technischer Innovation und wirtschaftlicher Umsetzung in arbeitsmarktwirksame Produktion gerecht wird noch zentrale Probleme der Gegenwart adäquat lösen kann. Erst mit der Doppelkrise des Biodiversitätsverlusts und des Klimawandels hat sich die Kritik an der Entkoppelung der Wissenschaft von gesellschaftlichen

Normen und Zielen so weit verstärkt, dass die Rufe nach einem neuen Gesellschaftsvertrag deutlich vernehmbar geworden sind.[24] Wie kann dieser in einer biodiversen Gesellschaft aussehen und welche Formen des Wissens sollte er beinhalten?

Vielfältige Wissensformen

In der Wissenskultur der biodiversen Gesellschaft ist die Vielfalt der Wissensformen eine zentrale Voraussetzung für die biologische Vielfalt. Die COVID-19-Pandemie hat gezeigt, wie wenig wissenschaftliche Erkenntnisse, die allein auf die Überzeugungskraft wissenschaftlicher Evidenz vertrauen, als Grundlage politischer Entscheidungen funktionieren können. Auch wenn in der ersten Phase der Pandemie das öffentliche Vertrauen in die Wissenschaft zunächst gewachsen ist – um sich anschließend wieder auf einem niedrigeren Niveau zu stabilisieren –,[25] ist überdeutlich geworden, dass die überkommene Arbeitsteilung zwischen Wissenschaft und Politik so komplexen und vertrackten Problemen wie Biodiversitätsverlust, Klimawandel und Pandemien nicht mehr gerecht wird. Wissenschaft als sozial geschlossenes und epistemisch selbstreferenzielles System aufzufassen und normativ von einer strikten Trennung von Wissenschaft und Politik auszugehen, blendet deren enge Koppelung in fortgeschrittenen Wissensgesellschaften aus. Die Pandemie hat die Erwartung an die Wissenschaft verstärkt, sich mit ihren Erkenntnissen aktiv an gesellschaftlichen Problemlösungen zu beteiligen. Die Überführung von wissenschaftlichem Wissen in Handlungswissen braucht nicht nur eine tiefgestaffelte

Interdisziplinarität und eine konsequent praktizierte Transdisziplinarität der Wissensproduktion, sondern auch Wissensformen, welche die Lücke schließen können zwischen dem, was wir wissen, und dem, wie wir handeln. Und diese Lücke wächst eher, als dass sie schrumpft.

Der Soziologe und Nachhaltigkeitswissenschaftler Ortwin Renn hat die Rolle der Wissenschaft, die ihre gesellschaftliche Verantwortung konsequent wahrnimmt, als die eines Katalysators bestimmt. In diesem Verständnis besteht ihre Aufgabe darin, »systematisch das für eine Problemlösung notwendige Wissen aus der Wissenschaft, aber auch aus anderen Wissensquellen zu sammeln, neu zu ordnen und zum Zweck der gegenseitigen Verständigung aufzubereiten«. Zu diesem Zweck sollen »Konflikte identifiziert, die dahinterliegenden Wissensannahmen, aber auch die damit verbundenen Werte, Interessen und Präferenzen offengelegt und gemeinsam Lösungsansätze entwickelt werden, die robustes Wissen, allgemein anerkannte normative Prinzipien und eine faire Aushandlung von Interessen zusammenfügen.«[26]

Die biodiverse Gesellschaft benötigt in der Tat zentrale Elemente einer sich katalytisch verstehenden Wissenschaft, die sich an den großen Herausforderungen und Problemen der Menschheit ausrichtet, auf der Suche nach Lösungen eine Vielfalt von Wissensformen und -quellen mobilisiert und im Sinne der Konvivialität einen fairen, an grundlegenden ethischen Prinzipien orientierten Ausgleich der Interessen aller menschlichen und nicht-menschlichen Lebewesen anstrebt.

Doch wollen wir einen Schritt darüber hinausgehen und das Wissenssystem der biodiversen Gesellschaft als Kombination von drei Wissensformen bestimmen: Systemwissen,

Transformationswissen und Orientierungswissen. Systemwissen überwindet die Zersplitterung disziplinären Wissens, indem es darauf zielt, durch konsequente Interdisziplinarität die komplexen Wechselwirkungen zwischen dem Techno-Geo-System der Erde und dem Biosystem allen menschlichen und nicht-menschlichen Lebens zu verstehen. Transformationswissen bezieht sich auf die Kardinalfrage, wie kollektives menschliches Handeln die dynamische Entwicklung des Techno-Erdsystems dahingehend verändern kann, dass ein konviviales Zusammenleben und Überleben der menschlichen und nicht-menschlichen Spezies ermöglicht werden. Es orientiert sich an zentralen Problemen der biodiversen Gesellschaft und zielt auf konkrete, durch transdisziplinäre Partizipation identifizierte Veränderungsprozesse. Orientierungswissen bindet Systemwissen und Transformationswissen an ethische Fragen und normative Dimensionen zurück. Es zielt auf eine faire Balance von Freiheit und Verantwortung, Klugheit und Moral von Wissenschaft auf der individuellen und kollektiven Ebene. Dabei ist das Zusammenspiel aller drei Wissensformen unabdingbar. Denn »Systemwissen allein tendiert dazu, technokratische Visionen zu begünstigen; Transformationswissen für sich genommen kann blinden Aktivismus ermutigen; Orientierungswissen ohne System- und Transformationswissen ist müßig.«[27]

Aber kehren wir nochmals zur Pluralität des Wissens zurück: Um die Vielfalt der Arten zu retten, braucht es nicht nur unterschiedliche und miteinander verschränkte Formen wissenschaftlichen Wissens. Unverzichtbar sind auch Formen nicht-wissenschaftlichen Wissens. Für die biodiverse Gesellschaft sind zwei komplementäre Wissensformen besonders wichtig: das lokale Wissen und das Wissen der Arten.

Lokales Wissen ist kontextgebunden. Es entstammt lokalen Zusammenhängen, Wert- und Bedeutungssystemen, Traditionen, Praktiken und Erfahrungen und wird überwiegend durch Beobachten, Erproben oder auch Experimentieren gewonnen. Als Handlungswissen ist es empirischer Natur und auf die Erklärung und Lösung konkreter Probleme vor Ort bezogen. Als Alltagswissen stellt es gleichwohl eine universale Form des Wissens dar, die in allen Kulturen und Räumen verbreitet ist. Lokales Wissen ist implizites, personengebundenes Wissen, das selten in systematischer und verschriftlichter Form vorliegt. Es kann aber über partizipative Methoden der Datenerhebung und -auswertung expliziert, überprüft und für die biodiverse Gesellschaft genutzt werden.

Lokales Wissen ist keineswegs theoriefrei. Im Unterschied zu wissenschaftlichen Theorien erheben Theorien lokalen Wissens jedoch nicht den Anspruch auf universale Gültigkeit. Sie zielen auf plausible Erklärungen nahräumlicher Phänomene, auf Maßnahmen zur Verbesserung der Lebensbedingungen und auf die Lösung bestehender Probleme vor Ort. Für die biodiverse Gesellschaft ist vor allem das Wissen über lokale Umwelten von hoher Bedeutung. Lokales Umweltwissen umfasst Wissen zu Pflanzen und Tieren, Böden und Umweltbedingungen, aber auch spirituelle Denkweisen und Weltsichten.

Eine spezifische Form des lokalen Wissens ist das indigene Wissen. Es ist eng mit der Geschichte der europäischen Kolonialisierung der Welt und der Unterdrückung indigener Gesellschaften und Kulturen verbunden. Indigenes Wissen ist in Kulturen verortet, die seit Jahrhunderten der Überformung durch das wissenschaftliche Wissen des Globalen Nordens widerstehen. Es ist dadurch besonders robust im Sinne der Einbettung in lokale Ökosysteme, zugleich aber flexibel, indem es sich durch seine Praxisorientierung der dynamischen Entwicklung von Umwelt und Kultur anpasst.

Die Wissensformen des lokalen und indigenen Wissens sind in der Kultur verankert, der sie entstammen, und damit auch deren Regeln und Normen verpflichtet. Als solche sind sie nicht frei von Herrschaftsverhältnissen und nicht allgemein verfügbar, jedoch offen für Veränderung und im Unterschied zum universalen Wahrheitsanspruch des wissenschaftlichen Wissens, der in der historischen Entwicklung häufig mit imperialem Machtgestus verbunden gewesen ist, nicht essentialistisch. Ihre Flexibilität und Anpassungsfähigkeit beziehen sich nicht nur auf die Dynamik lokaler Kulturen und Ökosysteme. Sie können auch Impulse von außen aufnehmen, etwa von Migrantinnen und Migranten oder externen Spezialistinnen und Spezialisten.[28] Die tiefe Verankerung in den lokalräumlichen Ökosystemen und Kulturen bei gleichzeitiger Flexibilität und Adaptivität macht das lokale und indigene Wissen unabdingbar für die biodiverse Gesellschaft.

Mittlerweile wächst das Bewusstsein für die Unverzichtbarkeit lokalen Umweltwissens. Ein instruktives Beispiel ist das indigene Volk der Kogi. Es lebt weitgehend abgeschieden von westlichen Einflüssen in der Sierra Nevada de Santa Marta im nördlichen Kolumbien, heute ein UNESCO-Biosphärenreservat und mit 635 endemischen Vogelarten ein weltweiter Hotspot biologischer Vielfalt. Die Kogi haben gelernt, auf das Verhalten und die Laute der heimischen Vögel zu achten, um aus dem Wissen der Tiere Maßnahmen für den Schutz ihrer Heimat abzuleiten. Nachdem der Filmemacher Alan Ereira 1990 den Dokumentarfilm *From the Heart of the World – The Elder Brother's Warning* über die Kogi gedreht hatte,[29] gründete er die NGO »Tairona Heritage

Trust« mit dem Ziel, die Kultur der Kogi zu schützen und ihrem spezifischen Umweltwissen eine Stimme zu geben, nicht nur für den Erhalt der lokalen Biodiversität, sondern auch als Wissensressource und Inspiration für den weltweiten Umweltschutz. Mit finanzieller Unterstützung der UNESCO arbeiten heute Wissensträger der Kogi in mehreren Projekten mit Wissenschaftlerinnen und Wissenschaftlern der Universitäten Zürich und Swansea eng zusammen. Die Integration von indigenem und wissenschaftlichem Wissen hat neue, hybride Formen umweltadaptiven Wissens geschaffen, das mittlerweile nicht nur für Umweltschutzprogramme in Südamerika, sondern auch in Europa genutzt wird.[30] Interessanterweise wird in neuesten Analysen nicht zwangsläufig eine Integration der unterschiedlichen Formen von Wissen angestrebt, sondern deren Verflechtung (*Braiding of indigenous peoples knowledge and sciences*).[31] Dies erlaubt es, wie bei der interdisziplinären Forschung, die unterschiedlichen Wissensformen getrennt zu halten und damit ihre spezifische Identität zu bewahren, aber sie trotzdem in Austausch und eine gegenseitige Beziehung zu bringen und das verflochtene Wissen für gemeinschaftliche Aktivitäten in Naturschutz, Anpassungen an den Klimawandel oder nachhaltigen Ernährungssystemen nutzbar zu machen. Was im Fall der Kogi weitgehend gelungen ist, ist die Anerkennung der Bedeutung traditionellen ökologischen Wissens jenseits von westlicher Aneignung und Übernahme, aber auch jenseits von Projektion und Romantisierung. Denn auch indigenes Wissen bedarf immer auch der Überprüfung auf seine biodiverse Substanz, seine Anwendbarkeit auf die Erhaltung und Mehrung des biodiversen Kapitals und die Stabilisierung des biodiversen Konvivialismus.

Wie eng lokales und indigenes Wissen einerseits und westliches Wissen anderseits miteinander verbunden sind und sich wechselseitig bereichern können, zeigen auch die seit den 1960er Jahren auf breiter Front entstehenden Formen von »dunkelgrünen Religionen«. Der US-amerikanische Umweltethiker Bron Taylor bezeichnet mit diesem Begriff kollektive Grundhaltungen, welche die Natur als heilig, mit intrinsischem Wert ausgestattet und deshalb als schutzwürdig verehren.[32] Seit der Entstehung der modernen Umweltbewegung im Anschluss an das bahnbrechende Werk *Silent Spring* (1962) von Rachel Carson hat sich eine Vielfalt von häufig bio- und ökozentrischen Strömungen herausgebildet, die indigene Naturreligionen teils wiederbelebt, teils neu erfunden haben. Sie zielen – wie beispielsweise der spirituelle Animismus des Schriftstellers und Umweltaktivisten Gary Snyder – darauf ab, lokales Wissen über die an spezifischen Orten lebenden Tiere und Pflanzen als Grundlage für naturadaptive Formen bioregionalen Wohnens und Lebens zu nutzen und sich spirituell-affektiv mit der Erde neu zu verbinden.[33] Taylor erkennt in der Vielfalt dunkelgrüner Religionen »mit ihrer Betonung der ökologischen Interdependenzen und ihrem tiefen Sinn für den Wert der biologischen und kulturellen Vielfalt« eine wichtige Ressource für die biodiverse Gesellschaft.[34] Zu ergänzen ist, dass die Einsicht in die Verflochtenheit des Lebendigen und die aus intensiver Beschäftigung mit anderen Arten resultierende spirituelle Naturwahrnehmung, wie sie etwa der türkisch-kanadische Ökologe Fikret Berkes durch die Beobachtung der Fischereitechniken der Cree-People gewonnen hat, wesentliche Quellen und Motivationen für eine die biodiverse Gesellschaft fördernde Weltanschauung sind.[35]

Auf dem Weg zu einer integrierten Wissenskultur der biodiversen Gesellschaft, die aus vielfältigen Quellen schöpft, lohnt es sich auch, vergessene und verschüttete Wissensbestände wiederzuentdecken und Schlüsseltexte naturbezogener Welterschließung neu zu lesen. Ein solcher Schlüsseltext ist etwa Alexander von Humboldts im Jahr 1805 veröffentlichte Schrift *Geographie der Pflanzen*. Eine jüngst erschienene Neuedition rekonstruiert nicht nur den Entstehungs- und Schreibprozess dieses programmatischen Textes des berühmten Naturforschers im Anschluss an seine Forschungsreise in die amerikanischen Tropen.[36] Sie entfaltet auch, wie sich in Humboldts Biogeografie das empirische Forschungsprogramm einer Taxonomie der Pflanzen mit ästhetischen Anschauungen und Emotionen verbindet, die das Studium der Pflanzen hervorrufen kann. Für Humboldt sind Grenzziehungen zwischen Menschheit und scheinbar unbeseelter Natur willkürliche Demarkationen. Pflanzen besitzen einen Willen, sind kreativ und wirken auf den Menschen zurück, etwa indem sie Emotionen auslösen. Wenn sich seit einigen Jahren, und mehr noch seit den Erfahrungen der COVID-19-Pandemie, die Stimmen für eine affektive Wende in unserem modernen Wissenschaftsverständnis mehren, so bietet Humboldt dafür Orientierung. Für die kolumbianische Biologin und Sozialwissenschaftlerin Paula Ungar lehrt uns Humboldt, dass wir mehr Verantwortung für die Natur übernehmen, Pflanzen als Wissensträger ernst nehmen und ihnen zuhören müssen und die von ihnen ausgehenden Emotionen auf uns wirken lassen sollten.[37] In der Tat: Eine für Emotionen offene Wissenskultur stärkt die Konvivialität der biodiversen Gesellschaft.

So verstanden, ist der Ort des lokalen und indigenen Wissens mit seinen robusten Techniken der Lebensbewältigung in der biodiversen Gesellschaft »nicht eine Nische, sondern eine Matrix, ein Substrat aller anderen Formen des Wissens. […] Lokales Wissen bleibt der Boden, auf dem sich alle anderen Formen des Wissens entwickeln, nicht im Sinn eines Ursprungs, sondern im Sinn der unvermeidlichen lokalen Aneignung geteilten Wissens.«[38] Und das gilt nicht nur für das lokale Wissen indigener Gesellschaften des Globalen Südens, sondern auch für das lokale Wissen in den Gesellschaften des Globalen Nordens.

Wir haben im zweiten Kapitel bereits auf die vielfältigen materiellen und ideellen Leistungen hingewiesen, die Ökosysteme für das Leben der Menschen erbringen. Diese Leistungen beruhen meist auf einem spezifischen Wissen der Arten, das sich von den kognitiven Fähigkeiten der Menschen unterscheidet. Artenwissen ist komplementär zu den Formen menschlichen Wissens und für die Zukunftsfähigkeit der biodiversen Gesellschaften von zentraler Bedeutung. Die Fähigkeit der Vogelwelt der Sierra Nevada de Santa Marta, die Kogi vor bevorstehenden Gefahren zu warnen, gehört ebenso zum spezifischen Wissen der Arten wie die Fähigkeiten bestimmter Pflanzenarten, unter spezifischen Umweltbedingungen zu wachsen. Freilich bedarf es wiederum der ebenso spezifischen Fähigkeit, dieses Wissen wahrzunehmen und in die kognitiven Strukturen eigenen Wissens zu übersetzen. Entsprechend kann die genaue Beobachtung genutzt werden, um Arten zu identifizieren, die für Renaturierungsprojekte eingesetzt werden können. Welche Pflanzen wachsen auf durch Schwermetalle verseuchten Böden und können als Pionierpflanzen auf toxischen Abraumhalden Humus- und Bodenbildung anstoßen? Welche Bäume wachsen trotz Hitze und Trockenheit und können wieder natürliche, diverse, resiliente Wälder entwickeln anstelle von durch Trockenheit, Hitze und Borkenkäfern zerstörten Fichtenmonokulturen? Interessanterweise wird die genaue Beobachtung der Arten und der Natur sowohl in indigenen Gemeinschaften als auch seit neuestem wieder in der Waldentwicklung in Deutschland praktiziert. Im ersten Fall wird dies »Weisheit der Pflanzen« genannt;[39] im zweiten Fall »der Natur über die Schulter schauen.«[40] Konvivialität bedeutet auch, ein Sensorium dafür zu entwickeln, die unterschiedlichen Wissensformen von menschlichen und nicht-menschlichen Spezies wechselseitig wahrzunehmen und zu übersetzen. Die neuen Ansätze zur Waldentwicklung in Deutschland zeigen, dass auch Försterinnen und Förster in deutschen Staatsforsten sich diese Fähigkeit aneignen und nutzen können. Dies bedeutet statt Machbarkeitswahn und menschlicher Hybris genaue Beobachtung und Demut vor den Fähigkeiten und Leistungen der Natur.

Max Weber konstatierte in seiner berühmten Münchner Antrittsvorlesung »Wissenschaft als Beruf« im Jahr 1917 eine Entzauberung der Welt durch die modernen Naturwissenschaften und die Rationalität der Technik. »Nicht mehr, wie der Wilde, für den es solche Mächte gab, muss man zu magischen Mitteln greifen, um die Geister zu beherrschen oder zu erbitten. Sondern technische Mittel und Berechnung leisten das.«[41] Seither sind gut einhundert Jahre vergangen, in denen der Mensch die Technosphäre auf Kosten der Biodiversität rasant ausgebaut hat und zum dominanten geologischen und ökologischen Akteur geworden ist. Ein Jahrhundert später gilt es mehr denn je, inter- und transdisziplinäres wissenschaftliches Wissen, lokales und indigenes Wissen mit dem Wissen der Arten für eine Neuverzauberung der Welt zu verbinden.[42]

Wissen ist Macht. Wissen sollte daher als Gemeinschaftsgut allen Menschen frei zur Verfügung stehen. Die Wissensökonomie der biodiversen Gesellschaft baut daher auf dem Grundprinzip eines offenen, global verfügbaren Wissens auf.[43] Die Verwirklichung einer offenen Wissensökonomie ist durch die »Berliner Erklärung über offenen Zugang zu wissenschaftlichem Wissen« vom 22. Oktober 2003 erheblich befördert worden; mittlerweile fast 800 Regierungen, Universitäten, Forschungseinrichtungen, Förderorganisationen, Stiftungen, Bibliotheken, Museen, Archive, Fachgesellschaften und Berufsverbände aus aller Welt haben sie unterzeichnet.[44] Die kommunikative Infrastruktur der offenen Wissensökonomie ist das Internet, das einen freien Zugang zum Wissen auf globaler Ebene schafft. Zwar sind die Chancen, den offenen Zugang zum Wissen aktiv zu nutzen, ebenso wie bei anderen Allgemeingütern, wie etwa sauberer Luft und sauberem Wasser, weltweit ungleich verteilt. Im Prinzip aber ermöglicht das Internet die globale Verfügbarkeit des veröffentlichten Wissens in einer Langzeitperspektive.

Aktuell bestehen freilich drei gravierende Barrieren und Hemmnisse für eine auf den offenen und umfassenden Zugang ausgerichtete Wissensökonomie. Das erste Hemmnis ist das Internet als basale Informationsinfrastruktur. Das World Wide Web hat sich seit seinen Anfängen in den späten 1980er Jahren weiterentwickelt und bietet in Verbindung mit der Digitalisierung enorme Möglichkeiten für eine nachhaltigere Zukunft. Derzeit aber geht die Digitalisierung mit einem steigenden Ressourcenverbrauch einher, der die Ökosysteme massiver belastet als je zuvor, wie der Wissenschaftliche Beirat Globale Umweltveränderungen der Bundesregierung (WBGU) in einem umfassenden Gutachten herausgearbeitet hat.[45] Leicht überspitzt formuliert, schließt die Wissensökonomie des Internets noch »anachronistische Elemente der Druckkultur ein, die bis zu Gutenberg zurückgehen«, und die offene Verfügbarkeit des Wissens wird durch Zugangsbarrieren erheblich eingeschränkt.[46]

Das zweite Hemmnis besteht darin, dass das verfügbare Biodiversitätswissen nicht vollständig offen zugänglich ist. Vielmehr verfügen Wirtschaftsunternehmen über einen Gutteil des Biodiversitätswissens, die es für ökonomische Verwertungsinteressen nutzen. Als proprietäres Wissen wird es über Patente und andere Formen des Schutzes geistigen Eigentums der freien Nutzung durch die Gesellschaft entzogen. Welche gravierenden Folgen diese Ungleichheit für die Lebenschancen in den unterschiedlichen Weltregionen haben kann, hat wiederum die COVID-19-Pandemie auf fatale Weise gezeigt. Trotz der globalen, ja planetaren Dimensionen der Pandemie setzte das Krisenmanagement überwiegend auf der nationalen Ebene an. »Mit Blick auf ihre eigenen kurzfristigen Interessen haben es die reichen Industrienationen des Westens versäumt, den Globalen Süden beim Aufbau von pharmazeutischen und medizinischen Kapazitäten großzügig zu unterstützen – nicht nur um den Preis weiteren Vertrauensverlusts, sondern auch um den der Entstehung immer neuer Varianten des Coronavirus aus den unterversorgten Gebieten der Erde.«[47] Die Lehre der Pandemie für die biodiverse Gesellschaft ist somit eine mehrfache: Zunächst ist ein Krisenmanagement auf nationaler Ebene angesichts der globalen Ursachen der Pandemie sachlich inadäquat, und es verstärkt die Ungleichheiten der Lebenschancen zwischen den Weltregionen, anstatt sie zu nivellieren.

Eines der zentralen Ziele der biodiversen Gesellschaft muss es daher sein, globale Gerechtigkeit im Zugang zu Umweltwissen zu schaffen, um die massiven Ungleichheiten zwischen dem Globalen Norden und dem Globalen Süden abzubauen. Private Eigentums-, Verfügbarkeits- und Nutzungsrechte von naturbezogenem Wissen stehen dem entgegen. Sodann hat die COVID-19-Krise auf dramatische Weise deutlich gemacht, dass Tiergesundheit, menschliche Gesundheit und Umweltgesundheit untrennbar miteinander verbunden sind. Hunderte von Millionen Menschen haben die negativen Folgen dieser Verknüpfung im Falle einer Pandemie mit drastischen Konsequenzen am eigenen Leib erlebt und Millionen sind daran gestorben. Die Wechselwirkungen zwischen menschlichem Handeln und planetarer Umwelt erfordern ein Gesundheitskonzept, das veränderte globale Verhältnisse und deren Bedeutung für Prävention und Krankheit, Therapie und Epidemiologie durch inter- und transdisziplinäre Ansätze berücksichtigt. Genau dieses leistet der integrierte Forschungsansatz der Planetaren Gesundheit (*planetary health*), der für die Wissensökonomie der biodiversen Gesellschaft von unverzichtbarer Bedeutung ist.[48]

Das dritte Hindernis ist darin zu sehen, dass es an einer globalen »Bibliothek« des biodiversen Wissens fehlt.[49] In Deutschland ist – wie auch in vielen anderen Staaten – ein Großteil dieses Wissens in den Sammlungen der naturkundlichen Forschungsmuseen gespeichert. Nach einer aktuellen Erhebung enthalten die deutschen naturkundlichen Forschungssammlungen rund 120 Millionen Objekte. Ergänzt werden diese Archive des natürlichen Erbes durch die vielfältigen Sammlungen von Lebendkulturen in Bioressourcenzentren. Gemeinsam bilden sie eine unersetzbare Basis an Daten, Informationen und Wissen zur biologischen Vielfalt.

Um die Dynamik des Biodiversitätswandels analysieren und wirksame Instrumente des Artenschutzes entwickeln zu können, gilt es freilich, Vielfalt auch in anderen Bereichen menschlichen Handelns anzustreben und die komplexen Wechselwirkungen zwischen biologischer, technischer und kultureller Diversität vertieft zu verstehen. Dafür braucht es eine offen zugängliche Forschungsinfrastruktur, die das in den Sammlungsobjekten gespeicherte Wissen digital erschließt, durch inter- und transdisziplinäre Forschung vertieft und durch molekulargenetische Technologien, Digital Imaging und Alte-DNA-Methoden unter Einbeziehung von Künstlicher Intelligenz weiterentwickelt. Im Unterschied zu früheren Open-Access-Deklarationen bezieht die Berliner Erklärung explizit das in Museen und Sammlungen, Archiven und Bibliotheken verwahrte Kulturgut mit ein. Die auf diese Weise erfassten Sammlungsdaten lassen sich mit weiteren Daten, darunter Umwelt- und Sozialdaten, digital verknüpfen und stützen gemeinsam die Entwicklung von Modellen des Biodiversitäts-, Technik- und Kulturwandels.

Genau dies ist die Zielsetzung des Forschungsverbunds »Offene Sammlungs-, Informations- und Rechercheinfrastruktur« (OSIRIS), an dem die acht großen Forschungsmuseen der Leibniz-Gemeinschaft und weitere sammlungsführende Partnerinstitutionen beteiligt sind. Der Verbund kann sich dabei auf die Berliner Erklärung stützen. Gemeinsam bauen die Verbundpartner eine digitale Bibliothek des biologischen, technischen und kulturellen Wissens auf und mobilisieren deren einzigartiges Potential zur Gestaltung von politisch-gesellschaftlichen und sozial-ökologischen Transformationen auf dem Weg in die biodiverse Gesellschaft. Komplementär dazu arbeiten sie gemeinsam mit internationalen Partnern am Aufbau einer digitalen Forschungsinfrastruktur, die das globale Wissen über biologische, technische und kulturelle Diversität offen zur Verfügung stellt. Sie leisten damit einen maßgeblichen Beitrag zur Ausgestaltung offener Wissensökonomien und einer demokratisch-partizipativen Wissensgesellschaft.

Für die Wissensökonomie der biodiversen Gesellschaft ist Fairness auf mehreren Ebenen ein normatives Grundprinzip. Sie ist fair, indem sie Wissen offen zirkulieren lässt und damit für alle zugänglich macht. Sie behandelt Daten, die dem Wissen zugrunde liegen, darunter Sammlungsdaten zur biologischen Vielfalt, nach den FAIR-Prinzipien. Daten werden so beschrieben, gespeichert und veröffentlicht, dass sie auffindbar (*Findable*), zugänglich (*Accessible*), interoperabel (*Interoperable*) und wiederverwendbar (*Reusable)* sind. Teils komplementär, teils in Spannung dazu stehen die CARE-Prinzipien. Sie zielen auf einen global gerechten Umgang mit Daten ab, indem sie als Leitlinien den kollektiven Nutzen (*Collective Benefit*), Kontrolle (*Authority to Control*), Verantwortung (*Responsibility*) und Ethik (*Ethics*) setzen. In der biodiversen Gesellschaft sind diese normativen Prinzipien nicht nur auf den Wert von lokalem und indigenem Wissen ausrichtet, sondern auch auf das Wissen der Arten. Ihre Anwendung trägt zu einer fairen Verteilung der Lebenschancen und zu einer größeren Umweltgerechtigkeit auf globaler Ebene bei, und sie bringen den konvivialen Gesellschaftsvertrag auch in der datenbasierten Wissenskultur zur Geltung.

VII. Wirtschaft: Biodiverse Ökonomie

Offene Zirkulation und Transparenz sind nicht nur Leitprinzipien der biodiversen Wissenskultur und Wissensökonomie. Offenheit und Transparenz bestimmen auch die Wirtschaft der biodiversen Gesellschaft im Sinne der Schaffung von Angebot und Nachfrage zur Herstellung, Verteilung und Nutzung von Gütern, Dienstleistungen und Informationen. Die biodiverse Wirtschaft richtet sich nicht primär auf das klassische Ziel des wirtschaftlichen Wachstums aus. Sie hat vielmehr den Zusammenhang zwischen natürlichen, sozio-ökonomischen und kulturellen Systemen und Prozessen im Blick. Sie erstrebt eine nachhaltige Mehrung des Naturkapitals und damit eine konviviale Balance zwischen ökologischen und ökonomischen Zielen. Notwendige Grundvoraussetzungen der biodiversen Wirtschaft sind, die Grenzen der ökologischen Tragfähigkeit wirtschaftlichen Handelns zu bestimmen, den Wert der Natur bei der Gestaltung wirtschaftlicher Austauschbeziehungen zu berücksichtigen und das Naturkapital in größtmöglichem Umfang zu erhalten und zu mehren.

Grenzen des wirtschaftlichen Wachstums, Grenzen der ökologischen Belastbarkeit

In der zweiten Hälfte des 18. Jahrhunderts begann sich die Welt grundlegend zu wandeln. Ausgehend von England setzte die Industrialisierung ein – ein Prozess der ebenso tiefgreifenden wie dauerhaften Umgestaltung der wirtschaftlichen, technischen und sozialen Verhältnisse. Die Dynamik dieses global wirkenden Transformationsprozesses hat die Arbeitsbedingungen und Lebensumstände zunächst in Europa und Nordamerika und dann auch in anderen Weltregionen fundamental verändert. In vielen Staaten des Globalen Südens ist der Übergang von einer agrarischen Subsistenzwirtschaft zu einer industriellen Gesellschaft noch in vollem Gang, während sich die Wirtschaftsleistung des Globalen Nordens seit dem letzten Drittel des 20. Jahrhunderts vom Industrie- in den Dienstleistungssektor verlagert hat.

Es ist viel darüber geschrieben und gestritten worden, warum die Industrialisierung und damit der Durchbruch zu einer auf kontinuierliches Wachstum ausgerichteten Wirtschaft in Europa begann und nicht etwa in China (und Südostasien).

Waren es primär geografische Faktoren – etwa die politisch-geografische Kleinräumigkeit Europas –, die früh unabhängige, miteinander um militärische, politische und wirtschaftliche Macht konkurrierende Staaten entstehen ließen?[1] Waren es die europäischen Eroberungen, Kolonialismus und Imperialismus und damit letztlich Landraub, Wissen und Humankapital? Oder waren es ideengeschichtliche, religiöse und kulturelle Gründe, wie etwa die protestantische Ethik, die Max Weber zufolge den Geist des Kapitalismus beförderten und damit eine beispiellose Dynamik der wirtschaftlichen Entwicklung freisetzten?[2]

In unserem Zusammenhang sind jedenfalls drei miteinander verbundene Faktoren von besonderer Bedeutung: Erstens fand in Europa bereits seit dem späten 17. Jahrhundert eine Diskussion darüber statt, wie wirtschaftliches Wachstum freigesetzt und durch staatliche Maßnahmen befördert werden könne. Von John Locke und Adam Smith über David Ricardo und John Stuart Mill, Karl Marx und Friedrich Engels bis Joseph Schumpeter, Friedrich August von Hayek und John Maynard Keynes, der 1936 die Ursache wirtschaftlicher Krisen in einer unzureichenden gesamtwirtschaftlichen Nachfrage verortete, spannt sich die Linie der ideen- und begriffsgeschichtlichen Klassiker der Wettbewerbs- und Wachstumstheorie. Ihre Theorien bereiteten – zweitens – den intellektuellen Boden dafür, dass Wachstum bis heute sowohl in der Ökonomie als auch in der politischen Praxis fast durchgängig als notwendige Bedingung für gesellschaftlichen Wohlstand gilt. Seit dem 19. Jahrhundert hat sich ausgehend vor allem von den USA der Glaube in die Unerschöpflichkeit des Reichtums der Natur verbreitet, und in Verbindung damit ist wirtschaftliches Wachstum zu einem allgegenwärtigen Mantra geworden. Der Universalhistoriker Vaclav Smil hat jüngst Wachstum gar als das implizite und explizite Ziel des individuellen und kollektiven Strebens der menschlichen Spezies bestimmt.[3]

Drittens ist wirtschaftliches Wachstum eng mit dem Aufstieg des Kapitalismus verbunden, der auf einem Bündel von Faktoren beruht: Individuelle Eigentumsrechte ermöglichen dezentrale Entscheidungen, die zu Gewinnen oder Verlusten führen können. Die Koordinierung der wirtschaftlichen Aktivitäten und Austauschbeziehungen findet über Märkte und

Preise, über Konkurrenz und Kooperation, über Angebot und Nachfrage und über den Kauf und Verkauf von Waren statt. Arbeitsteilung und Geldwirtschaft sind zentral, um Ressourcen und Produkte als Waren über Märkte in die wirtschaftlichen Verwertungsketten einspeisen zu können. Kapital ermöglicht die Investition von Ersparnissen und Erträgen im Streben nach Vorteilen in der Zukunft, und die Gewährung und Aufnahme von Krediten erweitern den Handlungsspielraum der Akteure. In kultureller Perspektive tritt die Akzeptanz von Profit, Akkumulation und Wachstum hinzu.[4] Der Kapitalismus ist nicht erst mit der Industrialisierung entstanden, und er ist in seinen Erscheinungsformen überaus wandlungsfähig. In China und Arabien etwa waren bereits im ersten Jahrtausend Formen des Fernhandels- und Kaufmannskapitalismus verbreitet. Dieser unterscheidet sich vom Industriekapitalismus mit der sozialen Trennung in kapitalbesitzende Arbeitgeber und lohnabhängige Arbeitnehmer ebenso grundlegend wie vom modernen Finanzkapitalismus, bei dem sich Wachstum vom Austausch materieller Güter ablöst und zu einem selbstreferenziellen Ziel wird.

Ebenso vielfältig wie die Formen des Kapitalismus ist die Kritik an ihm. Im Anschluss an das *Kommunistische Manifest* von Friedrich Engels und Karl Marx aus dem Revolutionsjahr 1848 hat sich diese im Wesentlichen auf die durch den Kapitalismus verschärfte Ungleichheit zwischen den gesellschaftlichen Klassen und Schichten gerichtet. Wir haben im vierten Kapitel bereits gesehen, wie genau das *Kommunistische Manifest* den komplexen Zusammenhang von Kapitalismus und Naturgestaltung und Naturzerstörung beschreibt – und es ist lohnend, sich die zentrale Diagnose noch einmal vor Augen zu führen, die Engels und Marx schon für das 19. Jahrhundert stellten: »Die Bourgeoisie hat in ihrer kaum hundertjährigen Klassenherrschaft massenhaftere und kolossalere Produktionskräfte geschaffen als alle vergangenen Generationen zusammen. Unterjochung der Naturkräfte, Maschinerie, Anwendung der Chemie auf Industrie und Ackerbau, Dampfschiffahrt, Eisenbahnen, elektrische Telegrafen, Urbarmachung ganzer Weltteile, Schiffbarmachung der Flüsse, ganze aus dem Boden gestampfte Bevölkerungen – welches frühere Jahrhundert ahnte, daß solche Produktionskräfte im Schoße der gesellschaftlichen Arbeit schlummerten.«[5] Vor diesem Hintergrund hat Engels in seinem unvollendeten Spätwerk *Dialektik der Natur* auch bereits die fatalen Folgen der Fixierung auf wirtschaftliches Wachstum auf Kosten einer schrankenlosen Ausbeutung der Natur hervorgehoben: »Schmeicheln wir uns indes nicht zu sehr mit unseren menschlichen Siegen über die Natur. Für jeden solcher Siege rächt sie sich an uns. Jeder hat in erster Linie zwar die Folgen, auf die wir gerechnet, aber in zweiter und dritter Linie hat er ganz andre, unvorhergesehene Wirkungen, die nur zu oft jene ersten Folgen wiederaufheben.« Und wenn er »daran erinnert, dass wir keineswegs die Natur beherrschen […], sondern dass wir mit Fleisch und Blut und Hirn ihr angehören und mitten in ihr stehen«, denkt er bereits den konvivialen Gesellschaftsvertrag vor.[6]

Als sich die scharfe Kapitalismuskritik der 1968er Bewegung mit den Protesten der entstehenden Umweltbewegung gegen die massive Zerstörung der Natur verband, wurden die Grenzen des Wachstums erstmals auf breiter Front diskutiert. Impulsgeber war der 1972 veröffentlichte Bericht *Limits to Growth* des Club of Rome.[7] In über dreißig Sprachen übersetzt und über zwölf Millionen Mal verkauft, setzte er die Grenzen des Wachstums öffentlichkeitswirksam auf die globale Agenda und dem bereits ins Wanken geratenen Vertrauen der Nachkriegsgesellschaften in die ungebrochene Fortsetzung von wirtschaftlichem Wachstum und technischem Fortschritt ein Ende. Der Bericht betont die Fragilität des Planeten Erde und die Vulnerabilität der Menschheit, konstatiert eine fundamentale Krise planetarischer Dimension und bietet als Lösung computerbasierte Zukunftsmodelle an, in denen sich Bevölkerungszahl, Kapitalinvestitionen, Rohstoffreserven, Agrarproduktion und Umweltbelastung auf der Basis einer wissenschaftsbasierten Planung in einem globalen Gleichgewicht hielten.[8]

Wo stehen wir heute, ein halbes Jahrhundert später? Die Kritik am Wachstumsparadigma ist massiv angeschwollen und hat durch das Versagen des Krisenmanagements in den Wirtschafts- und Finanzkrisen der Jahre 2000 und 2008 in Verbindung mit der Doppelkrise von Biodiversitätsverlust und Klimawandel neue Nahrung erhalten. Die Rufe nach einer Postwachstumsgesellschaft, einer Entkoppelung von Wirtschaftswachstum und Ressourcenverbrauch, einer Kreislaufwirtschaft und einer grünen Ökonomie im Sinne eines möglichst nachhaltigkeitskonformen und umweltverträglichen Produktions- und Konsumstils erschallen immer lauter und vielstimmiger.[9] Im Rahmen der Debatten um das Anthropozän hat zudem der Begriff des Kapitalozäns rasche Verbreitung gefunden. Er bündelt die Kritik an dem ressourcenverschlingenden Wachstumsfetischismus der Wirtschaft, betont die ungleich größere Verantwortung der Staaten des Globalen Nordens für das Artensterben und den Klimawandel im Vergleich zum Globalen Süden und sucht nach Alternativen zum die Natur zerstörenden Kapitalismus.[10] Der Soziologe Stephan Lessenich hat den Rohstoffhunger der kapitalistischen Wirtschaftssysteme und Konsumstile des Globalen Nordens auf Kosten des Globalen Südens mit dem

Begriff der »Externalisierungsgesellschaft« belegt und als Pervertierung des kategorischen Imperativs von Immanuel Kant beschrieben: »Was du nicht willst, was man dir tu, das füg halt einem anderen zu.«[11]

Ein Gleichgewicht zwischen menschlichem Ressourcenverbrauch und ökologischer Tragfähigkeit der Erde hat sich nicht eingestellt. Im Gegenteil, die Schere öffnet sich immer weiter. Der Erdüberlastungstag, der den Tag markiert, an dem die Menschheit alle natürlichen Ressourcen, welche die Erde innerhalb eines Jahres zur Verfügung stellen kann, aufgebraucht hat, verschiebt sich im Kalenderjahr immer weiter nach vorne. Im Jahr 2000 lag er erdweit auf dem 23. September, heute (2024) schon auf dem 1. August. Deutschland hat das Budget an nachhaltig nutzbaren Ressourcen und ökologisch verkraftbaren Emissionen aber bereits am 2. Mai aufgebraucht, die USA am 4. März und Katar gar schon am 11. Februar. Würden alle Staaten so wirtschaften wie die USA, bräuchte es mehr als fünf Erden, um die erforderlichen Ressourcen reproduzieren zu können.[12]

Die Haupttreiber dafür, dass die ökologischen Grenzen der Erde immer stärker überschritten werden, sind die Bevölkerungszunahme und das anhaltende Wachstum des menschlichen Ressourcenverbrauchs. Als *Limits to Growth* erschien, lag die weltweite Bevölkerung bei knapp vier Milliarden Menschen. Bis zum Jahr 2022 hat sie sich verdoppelt und wächst jährlich um etwa achtzig Millionen weiter an. Während die Rate des Bevölkerungswachstums seit einigen Jahrzehnten zurückgeht, beobachten wir seit der Mitte des letzten Jahrhunderts eine beispiellose Ausdehnung menschlicher Aktivitäten auf fast allen Ebenen, mit dramatischen Auswirkungen auf die Geo- und Biosphäre. Diese exponentielle Zunahme wird als »große Beschleunigung« bezeichnet.

Sie schlägt sich in den wirtschaftlichen Megatrends wie Wassernutzung und Energieverbrauch, Bruttoinlandsprodukt und ausländische Direktinvestitionen, Papierproduktion und Düngereinsatz, Verkehr und Tourismus nieder. Komplementär dazu zeigt sie sich in den Prozessen des Erdsystems wie der Menge von Kohlendioxid, Lachgas und Methan in der Atmosphäre, der Versauerung der Ozeane und der Stickstoffanreicherung in Küstennähe, der Abholzung tropischer Regenwälder und dem Artensterben.[13]

Dem wachsenden Ressourcenhunger der Menschheit stehen die Grenzen der ökologischen Tragfähigkeit unseres Planeten gegenüber. Seit dem Jahr 2009 werden diese Grenzen für die neun wichtigsten biophysikalischen Systeme und Prozesse, die das Leben auf der Erde steuern und seine Stabilität und Widerstandsfähigkeit ermöglichen, genau beobachtet: Klimawandel, Überladung mit neuartigen Stoffen, Abbau der Ozonschicht in der Stratosphäre, Aerosolbelastung der Atmosphäre, Versauerung der Ozeane, Störung der biogeochemischen Kreisläufe, Veränderung in Süßwassersystemen, Veränderung der Landnutzung und Veränderungen der Biosphäre.[14] Ein nachhaltiger Umgang innerhalb der planetaren Grenzen würde es ermöglichen, die Erde in einem für die menschliche Entwicklung förderlichen Zustand zu bewahren. Werden die Systeme bzw. Prozesse jedoch weiterhin in zunehmendem Maß verändert, so steigt ihre Instabilität, mit gefährlichen Folgen für die Entwicklung und das Wohlergehen der Menschheit und ihrer planetaren Mitbewohner.

Wir haben im ersten Kapitel beschrieben, dass die Veränderungen in der Biosphäre im Allgemeinen und der Artenvielfalt im Besonderen überaus dramatisch sind, mit bereits jetzt spürbaren Folgen für die Ökosystemleistungen und damit für Wohlstand und Wohlergehen der Menschheit. Die große Aufgabe der biodiversen Gesellschaft besteht darin, diese Entwicklung zu stoppen und wieder umzudrehen.

Ein weiteres Beispiel für den Verlust von Biodiversität und den damit verbundenen Leistungen: Korallenriffe zählen zu den Ökosystemen mit der höchsten Biodiversität. Sie speisen die Nahrungsketten und den Kohlenstoffkreislauf der Ozeane. Zudem schützen sie die Küsten und sind in zahlreichen Ländern durch ihre Attraktivität für den Tourismus ein wichtiger Wirtschaftsfaktor. Die Ökosysteme der Korallenriffe sind durch menschliche Einflüsse wie Überfischung, Überdüngung mit Stickstoff und Phosphor, direkte Beschädigung durch Taucher und vor allem durch die Erwärmung und Versauerung der Ozeane massiv gefährdet. Steigt die Wassertemperatur über einen bestimmten Wert, stoßen die jeweiligen Korallenarten die mit ihnen in Symbiose lebenden Algen ab. Dies führt zur Bleiche, in deren Folge zum Absterben der Korallen und damit zu weiterem Biodiversitätsverlust. Das Great Barrier Reef vor der Nordostküste Australiens ist von dieser Entwicklung bereits massiv betroffen. Es erstreckt sich über eine Länge von gut 2300 Kilometern und ist mit einer Fläche von knapp 350 000 Quadratkilometern fast so groß wie Deutschland. Dieser weltweit einzigartige Hotspot von Biodiversität hat seit 1998 insgesamt sechs großflächige Bleichen erlebt. Allein durch die verheerende Bleiche des Jahres 2020 ging rund die Hälfte seiner Korallen verloren.[15]

Bei aller grundsätzlichen Berechtigung hat das Konzept der planetaren Grenzen allerdings Begrenzungen und keine uneingeschränkte Gültigkeit. Erstens hat es jenseits einer abstrakten appellativen Instanz »der Menschheit« keinen konkreten Adressaten. Zweitens suggeriert es, dass es einen sicheren Handlungsraum gäbe und darüber hinaus globale und regionale Kipppunkte, nach deren Überschreitung das Erdsystem einen für die Menschheit negativen Zustand annimmt, aus dem es nicht mehr oder nur mit sehr großem Aufwand in einen positiven Zustand überführt werden könne. Wie bereits im ersten Kapitel dargestellt, scheint es für die Biodiversität keine solchen Kipppunkte zu geben. Mit jeder verlorenen Art nehmen die Ökosystemleistungen ab, und die Robustheit und Resilienz der Ökosysteme gehen zunehmend verloren. Das bedeutet aber, dass es keinen sicheren Handlungsraum gibt, innerhalb dessen wir wirtschaften können, wie wir wollen, ohne dass Konsequenzen zu befürchten wären.

Eine weitere Problematik der Vorstellung von planetaren Kipppunkten ist deren psychologische Wirkung. Nach der neuesten Publikation haben wir bereits bei sechs der neun Systeme die planetaren Grenzen überschritten. Aber was ist passiert? Woran haben wir das gemerkt? Werden wir nie wieder in einen guten, für den biodiversen Konvivialismus förderlichen Zustand des Erdsystems zurückkommen? Die Vorstellung von unumkehrbaren Kipppunkten kann dystopische, angstauslösende Zukunftserwartungen hervorrufen und alles weitere Handeln lähmen. Die biodiverse Gesellschaft hat jedoch einen hoffnungsvollen Blick auf das Erdsystem, und dieser ist wissenschaftlich begründet. Aus vielen Projekten im Naturschutz und bei der Renaturierung von Ökosystemen wissen wir, dass Naturschutz wirkt, dass sich die Bestände von Arten stabilisieren und wieder erhöhen können, dass die Artenvielfalt lokal und regional wieder steigen kann.[16] Man denke bei uns in Deutschland an den Anstieg der Kranich- und Weißstorchpopulationen, an die Ausbreitung der Biber, Fischotter und Wölfe, mit allen damit verbundenen, auch sehr ernsthaften Konflikten. Derzeit bauen sich die durch Hitze, Dürre und Borkenkäfer zerstörten Fichtenmonokulturen an vielen Stellen ohne menschliches Zutun und ohne wirtschaftliche Kosten ganz von selbst in biodiverse, stabilere Mischwälder mit lokal angepassten Arten um. Selbst auf den schwermetallverseuchten Abraumhalden des Bergbaus können im Lauf der Zeit wieder Pflanzen wachsen; dies führt sogar zur Entstehung neuer Arten wie dem Violetten und dem Gelben Galmeiveilchen, die heute nur auf alten Abraumhalden bei Aachen und im Sauerland zu finden sind.

Darüber hinaus kann die Erholung der Biosphäre auch andere Komponenten des Erdsystems wieder stabilisieren. Wenn auf übernutzten Böden wieder Wälder entstehen, wenn Moore und ehemalige Auwälder wieder vernässt werden, dann werden Kohlenstoff und Nährstoffe gebunden und Wasser in der Landschaft gehalten. Dies hat wiederum positive Auswirkungen auf das Klimasystem, die biogeochemischen Kreisläufe und auf die Süßwassersysteme. Eine vitale biodiverse Gesellschaft könnte einen wesentlichen Beitrag zur Heilung des ganzen Erdsystems leisten. Wir sehen: Bei aller berechtigten Sorge wegen der Grenzen des Planeten kann Fürsorge für Biodiversität und unsere planetaren Mitbewohner nicht nur einen Beitrag zur Rettung der Arten leisten, sondern auch für das Erdsystem als Ganzes. Es kommt darauf an, so zu wirtschaften, dass man die anderen Arten in den Blick nimmt, dass man die Leistungen und Werte der Natur im Wirtschaftssystem berücksichtigt.

Die biodiverse Gesellschaft kennt somit nicht nur Kipppunkte, an denen geologische und biologische Systeme der Erde *negative* Veränderungen bewirken. Sie kennt auch Kipppunkte, an denen kleine wirtschaftliche und gesellschaftliche Veränderungen sich selbstverstärkende *positive* Feedback-Mechanismen in Gang setzen und einen qualitativen Wandel in sozial-ökologischen Systemen bewirken.[17] Ein Beispiel dafür ist im Klimabereich die Einführung von Tarifen, Fördermaßnahmen und wirtschaftlichen Anreizen für die Umstellung auf erneuerbare Energien, die zu einem dynamischen Marktwachstum und zu einer substanziellen Kostenverringerung geführt haben.[18]

Die wichtigste Voraussetzung für solche positiven Veränderungen liegt darin, der Natur einen Wert zu geben. Wie wir im fünften Kapitel ausgeführt haben, dürfen die grundgesetzlich verankerten Rechte der Wirtschaftsfreiheit (Art. 12 Abs. 1 GG) und die Eigentumsgarantie (Art. 14 Abs. 1 GG) nicht länger dazu dienen, die durch die Nutzung von Naturkapital verursachten Kosten sozial, ökonomisch und ökologisch zu verschleiern. Vielmehr kommt es darauf an, sie von Rechten auf Natur- und Biodiversitätszerstörung in Rechte auf Biodiversitätsförderung umzuwandeln. Denn die Kosten der Nutzung der von der Natur bereitgestellten Leistungen als frei verfügbare Güter sind unvorstellbar groß. Sie sind jüngst für die Folgen des Klimawandels erdweit auf nicht weniger als 38 Billionen US-Dollar veranschlagt worden, pro Jahr![19] Das ist sage und schreibe sechsmal so viel, als es kosten würde, die globale Erwärmung auf zwei Grad zu begrenzen, und bedeutet rund ein Fünftel Einkommensverlust für die Weltwirtschaft.

Auch der Biodiversitätsverlust verursacht gewaltige Kosten. Die massive Zerstörung des biologischen Naturkapitals hat eine im Auftrag des britischen Finanzministeriums im Jahr 2021 erstellte Studie zur Ökonomie der Biodiversität in das öffentliche Bewusstsein gerückt. Der nach dem Hauptautor, dem indisch-britischen Wirtschaftswissenschaftler Partha Dasgupta, benannte Dasgupta-Bericht fordert die Regierungen weltweit mit großem Nachdruck auf, die massive Zerstörung der Ökosysteme zu stoppen.[20] Sie gefährdet die konvivialen Lebensgrundlagen – und sie ist auch unökonomisch, stranguliert sie doch langfristig die Wirtschaft.

Der Bericht fordert daher eine grundlegende Änderung im wirtschaftlichen Denken und Handeln ein. Hauptindikator für ökonomischen Erfolg ist üblicherweise das Bruttoinlandsprodukt. Da es nur den Geldfluss misst, vernachlässigt es den Bestand des Vermögens an Naturkapital. Die biodiverse Wirtschaft muss dringend das Naturkapital in ihre Finanzmodelle und ihre Systeme der Bilanzierung und der Preisgestaltung integrieren. Das gilt für ganze Volkswirtschaften ebenso wie für einzelne Unternehmen.

Die Supermarktkette Penny hat vor einigen Jahren den – etwas halbherzigen – Versuch unternommen zu berechnen, wie ihre Preise aussehen würden, wenn das Unternehmen zusätzlich zu den Material-, Herstellungs-, Transport- und Personalkosten sowie dem Gewinnaufschlag die ökologischen Kosten miteinbeziehen würde. Der Preis für ein Pfund gemischtes Hackfleisch aus konventioneller Herstellung würde von 2,79 auf 7,62 Euro und damit um 173 Prozent steigen, die Ökovariante um 126 Prozent von 4,50 auf 10,18 Euro. Deutlich geringer würden die Zusatzkosten bei Obst und Gemüse ausfallen: Der Preis für Bananen konventioneller Herstellung würde um 19 Prozent steigen, bei der Biovariante um neun

Prozent. Äpfel würden um acht bzw. vier Prozent teurer, Tomaten um zwölf bzw. fünf Prozent.[21] Die Kalkulation zeigt, dass die Einberechnung der ökologischen Kosten in die Preise bei tierischen Nahrungsmitteln sehr viel höher ausfällt als bei pflanzlichen Produkten, die der Umwelt weit weniger Schaden zufügen. Sie verdeutlicht auch, dass die konventionelle Agrarwirtschaft das Naturkapital deutlich stärker belastet als der ökologische Landbau. Penny hat das Gedankenexperiment, die externen Kosten der Natur zu internalisieren, nicht zu Ende geführt. In die höheren Preise sind der CO_2-Ausstoß, der Einsatz von Nitrat und Stickstoff, der Energiebedarf und die Mehrkosten für Landnutzungsänderungen wie die Abholzung von Regenwald für den Anbau von Futtermitteln eingeflossen, nicht aber die Kosten für den durch die Produktion der Lebensmittel verursachten Biodiversitätsverlust. Dieses Versäumnis ist dem Unternehmen freilich nur in Teilen anzukreiden, denn nach wie vor verfügen wir nur in Einzelfällen über geeignete Maßzahlen, um die Ökosystemleistungen der Natur verlässlich berechnen zu können.

Wir haben im zweiten Kapitel die biodiverse Gesellschaft dadurch charakterisiert, dass sie auf Beeinträchtigungen und Störungen ihrer konvivialen Verfassung mit den aufeinander bezogenen Strategien der Preparedness und der Resilienz reagiert. Erstere lässt sich als ein evolutionärer Lernprozess der Akteure der biodiversen Gesellschaft begreifen, um auf befürchtete Schadensereignisse vorbereitet zu sein. Ein solcher Lernprozess ist in Ansätzen auf der Ebene der Großunternehmen zu beobachten. Die renommierte Wirtschaftsprüfungsgesellschaft KPMG hat bei einer Erhebung unter den 250 größten Firmen der Erde festgestellt, dass immerhin knapp die Hälfte von ihnen (46 Prozent) den Schwund der

Biodiversität für sich als ökonomisches Risiko erkennt. KPMG zieht daraus den Schluss, den Schutz der Natur als neuen Faktor in die Berichtspflicht der Unternehmen aufzunehmen, um Wettbewerbsgleichheit an den weltweiten Märkten herstellen und das Risiko für die einzelnen Marktteilnehmer begrenzen zu können.[22]

Die Wirtschaft ist üblicherweise kein Freund von Regulierung. Interessanterweise forderten in Vorbereitung auf den »Weltnaturgipfel« in Montreal 2022 zahlreiche Unternehmen von der Politik, verbindliche Standards der Berichterstattung über ökologische und soziale Nachhaltigkeit zu erlassen. In Europa hat die European Financial Reporting Advisory Group (EFRAG) Berichtstandards zu Biodiversität und Nachhaltigkeit erarbeitet und der Europäischen Kommission zur Beratung zugeleitet. Ihre jüngste Erhebung hat ergeben, dass 85 Prozent der befragten Unternehmen beabsichtigen, Nachhaltigkeitsziele in ihr Reporting aufzunehmen und 70 Prozent bereits damit begonnen haben, entsprechende Daten zu erheben.[23] Mittlerweile sind die Vorschläge der EFRAG eingeführt und gesetzlich verpflichtend. Damit sind stufenweise seit 2024 große Konzerne, in Zukunft auch mittelgroße Unternehmen dazu verpflichtet, über die Risiken des Biodiversitätsverlusts für ihren Geschäftsbetrieb zu berichten. Und sie sind gezwungen, die Wirkung ihrer wirtschaftlichen Aktivitäten auf Biodiversität und Ökosysteme offenzulegen, wenn dies wesentlich ist, sogar entlang der gesamten Wertschöpfungskette. Auf diese Weise kommt der Wert der Natur sehr viel deutlicher in den Fokus wirtschaftlichen Handelns als je zuvor. Die Bedeutung einer solchen wirtschaftspolitischen Maßnahme auf dem Weg zu einem biodiversen Wirtschaften und einer sozial-ökologischen Transformation der Märkte ist kaum zu überschätzen. Das sind positive Ansätze der Veränderung in Richtung des biodiversen Wirtschaftens, in der das Naturkapital und mit ihm die Biodiversität nicht weiter schrumpft, sondern wächst.

Langsame Hoffnung auf ökologisches Wachstum

Die Biodiversitätskrise resultiert nicht nur aus Schwächen des Marktes als des primären Steuerungsinstruments kapitalistischer Ökonomien. Sie beruht auch auf einem Versagen der staatlichen Wirtschaftspolitik. Fast alle Regierungen verschärfen den Schwund der Artenvielfalt, indem sie wirtschaftliche Anreize dafür bieten, die Natur auszubeuten, anstatt sie zu schützen. Weltweit verausgaben Staaten Hunderte von Milliarden US-Dollar jährlich in Form von Subventionen für die Agrarwirtschaft oder fossile Energien. Durch diese fehlgeleiteten öffentlichen Gelder werden Naturkapitalien im Wert von vier bis sechs Billionen US-Dollar pro Jahr vernichtet – sehr vorsichtig geschätzt. Allein in Deutschland fließen rund 67 Milliarden Euro (Stand 2022) an umweltschädlichen Subventionen in die Sektoren Verkehr und Energie, Landwirtschaft und Bauwesen, von denen rund 90 Prozent natur- und klimaschädlich wirken.[24] Das Ziel muss sein, diese öffentlichen Mittel so umzulenken, dass sie die Biodiversität und den Klimaschutz stärken, statt sie weiter zu schwächen. Für den Schutz der natürlichen Lebensgrundlagen werden dagegen im Mittel der letzten Jahre nur 0,1 Prozent der weltweiten Wirtschaftsleistung ausgegeben.[25]

Und doch gibt es Anlass zur Hoffnung, aus der heraus Motivation und Engagement für eine sozial-ökologische Transformation hin zu einem biodiversen Wirtschaften erwachsen können.[26] Deshalb sind positive Erzählungen, die Mut zur Veränderung machen, so wichtig, auch und gerade für den Weg in die biodiverse Gesellschaft. Einige dieser positiven Ansätze und Entwicklungen haben wir im fünften Kapitel bereits behandelt, zuvorderst das auf dem »Weltnaturgipfel« in Montreal 2022 von der internationalen Staatengemeinschaft verabschiedete Kunming-Montreal Global Biodiversity Framework (GBF). Diese globale Rahmenübereinkunft hat das hochambitionierte Ziel, den Artenschwund nicht nur zu stoppen, sondern bis zur Jahrhundertmitte umzukehren (*bending the curve*), damit sich die Natur zum Nutzen der Menschen und ihrer Mitbewohner auf dem Planeten erholen kann – ganz im Sinne des biodiversen Gesellschaftsvertrags und seines Leitprinzips der konvivialen Nachhaltigkeit.

Die Europäische Union erweist sich dabei einmal mehr als globaler Schrittmacher. Am 17. Juni 2024 wurde in einer dramatischen Abstimmung im Umweltministerrat, bei der die österreichische Umweltministerin Leonore Gewessler gegen das Votum ihres Kanzlers ausschlaggebend zustimmte, das EU-Renaturierungsgesetz zur Wiederherstellung natürlicher Lebensräume (Nature Restoration Law) verabschiedet. Das Gesetz verpflichtet die EU, auf 20 Prozent der Land- und Meeresflächen Maßnahmen zur Stärkung von Ökosystemen einzuleiten. Auch wichtige Lebensraumtypen in schlechtem Zustand sollen wiederhergestellt werden, bis 2030 mindestens 30 Prozent, bis 2040 60 Prozent und bis 2050 90 Prozent.[27] Mit dem Renaturierungsgesetz schafft die EU gute Voraussetzungen, um die ambitionierten Ziele des Global Biodiversity Framework im Bereich des Umwelt-, Klima- und Biodiversitätsschutzes für ihren Zuständigkeitsbereich umzusetzen.

Zudem besteht die Hoffnung, dass das Renaturierungsgesetz dem ins Stocken geratenen wirtschaftlichen und ökologischen Flaggschiffprojekt der Europäischen Union neuen Schwung verleihen wird: dem Grünen Deal. Mit diesem von der Europäischen Kommission am 11. Dezember 2019 verabschiedeten Maßnahmenpaket hat sich die EU eine neue Wachstumsstrategie verordnet, mit der sie »zu einer fairen und wohlhabenden Gesellschaft mit einer modernen, ressourceneffizienten und wettbewerbsfähigen Wirtschaft werden soll, in der im Jahr 2050 keine Netto-Treibhausgasemissionen mehr freigesetzt werden und das Wirtschaftswachstum von der Ressourcennutzung abgekoppelt ist.«[28] Hinzuzufügen ist, dass diese Ziele konvivial ausgestaltet werden müssen, indem sie Biodiversität fördern, ökologisch sinnvoll und mit den Menschenrechten kompatibel sind.

Hoffnung auf einer anderen Ebene vermittelt auch die von Kate Raworth entwickelte »Donut-Ökonomie«. Die britische, in Oxford lehrende Wirtschaftswissenschaftlerin präsentiert in ihrem 2017 im englischen Original und im darauffolgenden Jahr in einer erweiterten deutschen Ausgabe publizierten Werk die Donut-Ökonomie als ein Wirtschaftsmodell, das »den Planeten nicht zerstört«.[29] Mit ihrem britischen Kollegen Dasgupta teilt sie die Kritik an der herkömmlichen volkswirtschaftlichen Vorstellung eines kontinuierlichen Wachstums des Bruttoinlandsprodukts. Nicht Wirtschaftswachstum auf Kosten der Natur, sondern gesellschaftliches Wohlbefinden im Einklang mit der Natur ist das Ziel der Donut-Ökonomie. Raworth übernimmt das Konzept der planetaren Grenzen und verbindet es mit sozialen Zielen, die an die *social development goals* der Vereinigten Nationen angelehnt sind, darunter Bildung, Gleichstellung der Geschlechter, Frieden und Gerechtigkeit, Bildung und Gesundheit. Um negative Folgen wie Biodiversitätsverlust und Klimawandel zu vermeiden, dürfen die planetaren Grenzen nicht überschritten werden. Um ein Wohlbefinden für alle zu gewährleisten, dürfen die sozialen Grenzen nicht unterschritten werden. Der Raum zwischen ökologischer Decke und sozialem Fundament, der Donut, gewährleistet einen sicheren und gerechten Handlungsraum für die Menschheit, um Biodiversitätsverlust, Klimakrise und soziale Verarmung auszuschließen.

Das Donut-Modell hat in aufgeschlossenen Kreisen der Wirtschaftswissenschaften erheblichen Anklang gefunden. Raworth gibt sich damit jedoch nicht zufrieden, sondern strebt – wie von uns im sechsten Kapitel beschrieben – nach transdisziplinärer Anwendung und partizipativ-kokreativer Umsetzung. Dabei haben ihr die Auswirkungen der Corona-Krise Mut gemacht, dass tiefgreifende wirtschaftliche und gesellschaftliche Transformationen durchaus möglich sind. Schon im April 2020 ließen sie und die niederländische Hauptstadt Amsterdam sich auf das Abenteuer ein, die urbane und ökonomische Entwicklung der Kommune nach den Prinzipien der Donut-Ökonomie umzubauen. Mittlerweile bündelt sich eine Fülle von Einzelprojekten zu einem Masterplan mit dem Ziel der Umsetzung einer Ressourcenschonung und Kreislaufwirtschaft in zwei Etappen (2030 und 2050), bei gleichzeitiger Sicherung der sozialen Bedürfnisse der Stadtbewohner.[30] Das Modellprojekt findet weltweit große Aufmerksamkeit. Amsterdam hat Nachahmer in den Städten Kopenhagen, Birmingham, Philadelphia und Portland gefunden. Auch in Deutschland wächst das Interesse, und erste Modellprojekte in Krefeld und Bad Nauheim sind in der Umsetzung. Die Agentur PD – Berater der öffentlichen Hand und das Deutsche Institut für Urbanistik registrieren in einer gemeinsamen Studie eine Vielzahl von

Initiativen, weisen aber auch darauf hin, dass viele Kommunen noch nicht über die datentechnischen Voraussetzungen für eine Donut-Ökonomie verfügen. Denn ein Donut-Projekt startet jeweils mit einer tiefen Erfassung lokaler ökonomischer und urbaner Daten, um auf dieser Basis einen stadtspezifischen Donut-Entwicklungsplan (»City-Porträt«) erstellen zu können.[31]

Die Donut-Ökonomie ist ein wichtiger Schritt auf dem Weg zu einer biodiversen Wirtschaft. Sie stärkt – eher implizit als explizit – das Naturkapital. In ihrem anthropozentrischen Ansatz, sich allein auf das Wohlergehen der Menschen zu beziehen, verfehlt sie freilich das konviviale Nachhaltigkeitsprinzip des biodiversen Gesellschaftsvertrags.

Wie die Werte der Biodiversität bestimmt, in ökonomische Steuerungs- und Finanzierungsmodelle eingebaut und das Naturkapital dadurch gesteigert werden könnten, zeigt eine gemeinsame Studie der Senckenberg Gesellschaft für Naturforschung und des FERI Cognitive Finance Institute auf.[32] Ihre Autorinnen und Autoren betonen einmal mehr den unerlässlichen Wert der biologischen Vielfalt für die Ökosysteme und für das Wohlergehen der Menschen. Etwa die Hälfte aller Wirtschaftsleistungen basiert auf Leistungen der Natur. Rund 50 Prozent der im Verlauf der letzten drei Jahrzehnte zugelassenen Medikamente gehen auf Naturstoffe zurück; bei Arzneimitteln zur Krebsbehandlung sind es gar 70 Prozent. Biologische Vielfalt ist unerlässlich für die Ernährungssicherheit. Über drei Viertel der Nahrungspflanzen sind von tierischen Bestäubern abhängig. Umso dringender ist es, das vom Menschen verursachte Massenaussterben zu beenden und die Ökosysteme in ihren lebenspendenden Aufgaben zu erhalten bzw. wiederherzustellen.

Die Senckenberg-FERI-Studie beobachtet eine Neuausrichtung der Finanzströme, die zu massiven ökonomischen Veränderungen führen. Dadurch würden »neue Anreize, andere Einkommensquellen und weitere Grundlagen für Investitionsentscheidungen geschaffen.«[33] Die Autorinnen und Autoren der Studie führen zahlreiche neue wirtschaftliche Instrumente auf, die das Ziel der Wiederherstellung und Verbesserung der biologischen Vielfalt stützen und zugleich wirtschaftlichen Nutzen erbringen können.

Besonders viel versprechen Biodiversitäts-Zertifikate. Als marktbasierte Instrumente zielen sie darauf ab, die Artenvielfalt wiederherzustellen und zu erhöhen. Sie sind im Biodiversitätssektor das Pendant zu den Klima-Zertifikaten, die sich auf negative Emissionen und die Vermeidung von CO_2 konzentrieren. Sie können einen wichtigen Beitrag zur Finanzierung von Projekten des Artenschutzes oder der Wiederherstellung von Lebensräumen leisten. Voraussetzung für die Erstellung von Zertifikaten ist die exakte Quantifizierung der Auswirkungen solcher Projekte auf die Verbesserung des Naturkapitals. Angesichts der großen Unterschiede zwischen den Ökosystemen werden für die Messung und Verifizierung von Effekten der Biodiversitätssteigerung verlässliche Methoden benötigt, »um sicherzustellen, dass die Zertifikate echte, zusätzliche und dauerhafte Vorteile für die Artenvielfalt darstellen, was die Implementierung von Biodiversitäts-Zertifikaten recht komplex macht.« Hier lauert, ähnlich wie bei vielen anderen marktbasierten Produkten des Umweltschutzes, die Gefahr des »Greenwashing«, wie die Senckenberg-FERI-Studie mit Recht betont und daraus die Notwendigkeit ableitet, sich auf globale Standards und zuverlässige Überprüfungssysteme von Biodiversitätsgewinnen zu verständigen, die den konvivialen Nachhaltigkeitszielen entsprechen.[34]

Einmal mehr zeigen sich die zu Beginn des Kapitels betonte Flexibilität und Anpassungsfähigkeit des Kapitalismus. Mit der Ausbreitung des Finanzkapitalismus seit den 1980er Jahren wurde die Bedeutung von Finanzmärkten, Finanzakteuren und Finanzinstitutionen für nationale und internationale Volkswirtschaften enorm erweitert. Gewinne werden zunehmend über Finanzleistungen statt über Warenproduktion und Handel erzielt. Die Senckenberg-FERI-Studie unterstreicht freilich, dass robust aufgesetzte und verlässlich kontrollierte Finanzprodukte durchaus dazu beitragen können, das Naturkapital zu erhöhen – und genau darauf kommt es beim biodiversen Wirtschaften an.

Halten wir also fest: Die Umsteuerung zu einer Wirtschaft, die Artenvielfalt schützt, nachhaltig nutzt und das Naturkapital wachsen lässt, erfordert eine Neuausrichtung der ökonomischen, geografischen, rechtlichen und politischen Rahmenbedingungen für Unternehmen und den Finanzsektor durch nationale Gesetzgeber und transnationale Rahmenwerke. Auf europäischer Ebene sind die erwähnten Maßnahmen des Grünen Deal, der Biodiversitätsstrategie, des neuen Renaturierungsgesetzes und die Einführung einer Biodiversitätsberichtspflicht für größere mittelständische und Großunternehmen wichtige Voraussetzungen dafür, Wirtschaftssektoren, Kapitalmärkte und Finanzströme entlang ökologischer Zielsetzungen neu auszurichten. Auf globaler Ebene gilt es sicherzustellen, dass Maßnahmen der Biodiversitätsförderung im Sinne der konvivialen Nachhaltigkeit mit der Achtung von Menschenrechten, mit lokaler Partizipation und auch mit Armutsbekämpfung verbunden sind.

Wachstum ist in der biodiversen Gesellschaft also keineswegs ausgeschlossen, ganz im Gegenteil! Was die biodiverse Wirtschaft am dringendsten benötigt, ist ökologisches Wachstum. Es kann und soll also Wachstum geben, solange es dem konvivialen Nachhaltigkeitsprinzip entspricht. Die häufig mit großem Pathos geführte Diskussion um eine Ablösung der Wachstums- durch eine Postwachstumsgesellschaft geht zu einem Gutteil am Kern der Probleme der biodiversen Gesellschaft vorbei. Ohne Zweifel ist es höchste Zeit, das Ende der von naturausbeutendem Wachstum geprägten und noch dazu mit schrankenlosem Konsum gepaarten Ära des Kapitalozäns einzuläuten. Ohne Zweifel ist es wichtig, aufgrund der Endlichkeit der geologischen und biologischen Güter der Erde auf eine zyklische Wirtschaft durch die Schließung der Stoffkreisläufe oder gar eine »intelligente Verschwendung« durch das »Upcycling« von Produkten und die Nutzung regenerativer Ressourcen hinzuarbeiten.[35] Für den Club of Rome etwa bedeutet heute »Wachstum 2.0« ein Wirtschaften nach dem Vorbild der Natur, indem nur solche Güter verbraucht werden, die erneuert werden können.[36] Ohne Zweifel trägt eine »Kultur der Reparatur« als gesellschaftliche Wertschätzung des Vorhandenen und Bewährten dazu bei, die Verschwendung von Naturkapital zu begrenzen.[37] Und ohne Zweifel ist eine »Befreiung vom Überfluss« durch Genügsamkeit, Suffizienz und Regionalität im Konsumverhalten ein unabdingbarer Baustein für die konviviale Nachhaltigkeit der biodiversen Gesellschaft.[38] Inwieweit ein von dem japanischen Bestsellerautor Kohei Saito propagierter »Degrowth-Kommunismus« mit den Prinzipien des am Gebrauchswert orientierten Warenkonsums, der Verkürzung der Arbeitszeit, der Aufhebung uniformer Arbeitsteilung, der Demokratisierung der Wirtschaft und der Wertschätzung arbeitsintensiver Produktion zu einem »Sieg der Natur über den Kapitalismus« führen würde, bleibt dagegen fraglich.[39]

VIII. Orientierung: Der biodiverse Imperativ

Wir müssen uns der Realität stellen: Von den nach heutigem Wissensstand rund acht Millionen Arten auf der Erde sind eine Million Arten vom Aussterben bedroht. Diesen katastrophalen Verlust von Biodiversität hat der Mensch verursacht, vor allem wir Menschen, die wir in den Konsum- und Wohlstandgesellschaften des Globalen Nordens leben: Wir zerstören Ökosysteme, konsumieren die Natur, beuten die Arten aus, übernutzen die Böden, verschmutzen die Umwelt und verursachen den Klimawandel. Damit beschleunigen wir nicht nur täglich die Vernichtung der Biodiversität. Wir entziehen uns damit auch selbst unsere biodiverse Lebensgrundlage, auf die wir existenziell angewiesen sind. Während der Klimawandel darüber bestimmt, *wie* wir in Zukunft leben werden, entscheiden das globale Artensterben und die globale Vernichtung von Ökosystemen darüber, *ob* wir Menschen auf diesem Planeten überleben werden. Doch wir wollen diese katastrophale Entwicklung nicht wahrnehmen und schauen weg: Aus den Augen, aus dem Sinn! Defensive oder aktive Ignoranz ist aber keine Antwort. Beide sind gefährlich, weil sie die ökologische Katastrophe noch weiter verschärfen. Vielmehr müssen wir einen biodiversen Wirklichkeitssinn entfalten. Denn wir wissen längst: Weil wir für die Zerstörung von Biodiversität verantwortlich sind, müssen wir auch verantwortlich handeln. Für den Schutz und die Förderung der Biodiversität reichen allerdings Einzelmaßnahmen längst nicht mehr aus. Deshalb brauchen wir einen biodiversen Strukturwandel unserer Gesellschaft, der nicht nur unser alltägliches Zusammenleben ökologisch gestaltet, sondern uns auch ein neues, biodiverses Verständnis von Bildung, Infrastrukturen, Politik, Recht, Wissenschaft und Wirtschaft eröffnet.

Es ist ganz einfach: Wir müssen uns als die Bürgerinnen und Bürger einer biodiversen Gesellschaft verstehen, in der Mensch(en) und Natur(en) gut zusammenleben. Dieses biodiverse Zusammenleben – der biodiverse Konvivialismus – von Mensch(en) und Natur(en) bildet das Grundprinzip der biodiversen Gesellschaft, das uns zugleich bei der ökologischen Transformation von Bildung, Infrastrukturen, Politik, Recht, Wissenschaft und Wirtschaft hilft. Der Reichtum globaler Kulturen eröffnet uns dabei mit seinen diversen Perspektiven auf das Verhältnis von Mensch(en) und Natur(en) eine große Vielfalt von verantwortungsvollen Handlungsoptionen und Gestaltungsmöglichkeiten. Es geht für uns Menschen um ein kluges Zusammenleben mit der Natur, das die Biodiversität wirksam schützt, das Natur auch wirklich Natur sein lässt und das die nachhaltige Nutzung der Natur durch den Menschen praktisch gewährleistet. Um diesen konvivialen Strukturwandel umzusetzen, schließen wir einen neuen Gesellschaftsvertrag für eine biodiverse Gesellschaft. Dieser biodiverse Gesellschaftsvertrag ist nicht lang. Er besteht aus einer Präambel und drei Artikeln:

Präambel

Natur und Menschen leben in einer
gemeinsamen biodiversen Lebenswelt.

Artikel 1

Die Biodiversität wird aufgrund ihres eigenen Wertes um ihrer selbst willen, ihrer existenziellen Bedeutung für die Menschen und ihrer vielfältigen Werte im Hinblick auf ein gutes, wünschenswertes, bedeutungsvolles Zusammenleben von Natur und Menschen geachtet und geschützt.

Artikel 2

Die Menschen gestalten die wechselseitige Abhängigkeit von Menschen und Biodiversität verantwortungsvoll.

Artikel 3

Das konviviale Nachhaltigkeitsprinzip bestimmt das verantwortungsvolle Zusammenleben von Natur und Menschen.

Mit diesem neuen Gesellschaftsvertrag formulieren wir die Ligaturen der biodiversen Gesellschaft – also die Grundlagen, die Bindungen und die Prinzipien, ohne die ein gesellschaftliches Zusammenleben in Zukunft nicht mehr möglich ist und die uns anleiten, unser gesellschaftliches Zusammenleben mit der Natur verantwortlich zu gestalten.[1]

Das Konzept der konvivialen Nachhaltigkeit bildet das Leitprinzip der biodiversen Gesellschaft. Wir brauchen ein neues Verständnis von Nachhaltigkeit. Das überkommene dreidimensionale Nachhaltigkeitskonzept ist auf einen Ausgleich von sozialen, ökonomischen und ökologischen Interessen gerichtet. Eine Entwicklung gilt selbst dann noch als nachhaltig, wenn es soziale oder ökonomische Interessen fördert, aber ökologische Interessen in der Abwägung »weggewogen« und damit übergangen werden. Ökologische Belange werden regelmäßig ignoriert, wenn sie mit sozialen und ökonomischen Interessen in Konflikt geraten. Deshalb wird dieser dreidimensionale Nachhaltigkeitsbegriff nicht den ökologischen Herausforderungen unserer Gesellschaft gerecht. Mit ihm können wir unsere Zukunft nicht angemessen gestalten. Aus diesem Grund müssen wir ein neues, konviviales Verständnis von Nachhaltigkeit entwickeln. Das Prinzip der konvivialen Nachhaltigkeit ist auf das Zusammenleben von Menschen und ihren planetaren Mitbewohnern in einer biodiversen Gesellschaft ausgerichtet. Es zielt darauf, eine angemessene Balance von Mensch(en) und Natur(en) im Grundsatz und im Einzelfall herzustellen. Dies geschieht in einer zweistufigen Bewertung aller sozialen, ökonomischen und ökologischen Interessenkonflikte: In einem ersten Schritt sind die vielfältigen Werte der Natur und insbesondere der Biodiversität anzuerkennen, um sodann in einem zweiten Schritt die Abhängigkeit vor allem des Menschen von der Natur und der Biodiversität angemessen auszugestalten. Nur so kann eine nachhaltige Entwicklung gewährleistet werden.

Auf der Grundlage dieses konvivialen Nachhaltigkeitsprinzips verändert sich unser Verständnis von Infrastrukturen: Die Biodiversität ist die ökologische Infrastruktur der biodiversen Gesellschaft, die unsere ökologische, soziale und technische Daseinsvorsorge gewährleistet. Es lassen sich grundsätzlich drei Formen der biodiversen Infrastruktur unterscheiden: Naturschutzgebiete, Stadtnatur und Nutzlandschaft. Sie bilden die Kritische Infrastruktur der biodiversen Gesellschaft, die nach dem Prinzip der konvivialen Nachhaltigkeit zu bewahren, zu gestalten und zu entwickeln ist.

Die Verfassungsordnung der biodiversen Gesellschaft erkennt die Rechte der Natur an, um soziale, ökonomische und ökologische Interessenkonflikte fair auszutragen. Das Eigentum wird in einer biodiversen Gesellschaft zugleich sozial und ökologisch ausgestaltet. Der politische Prozess der biodiversen Gesellschaft entfaltet sich demokratisch und rechtsstaatlich, sozial und ökologisch. Im Bundestag tritt beispielsweise die finanzpolitische neben die ökologische Haushaltsdebatte. Die Bundeskanzlerin bzw. der Bundeskanzler bestimmt und erläutert im Bundestag die ökologischen Richtlinien der Politik. Die Bundesministerin bzw. der Bundesminister für Natur erhält ein Widerspruchsrecht bei Entscheidungen der Bundesregierung von ökologischer Bedeutung. Die Bundespräsidentin oder der Bundespräsident achtet als Staatsoberhaupt auf das ökologische Allgemeinwohl der biodiversen Gesellschaft. Die Bürgerinnen und Bürger sowie die Natur haben ein Recht auf Zukunft, das sie einklagen können: als ein Recht auf intertemporale Freiheitssicherung, was die ökologische Zukunft der biodiversen Gesellschaft angeht, als ein Recht auf intertemporale Gleichheitssicherung, was die Naturgüter der biodiversen Gesellschaft betrifft, und als ein Recht auf intertemporale Teilhabesicherung, das eine angemessene Partizipation an allen ökologischen Infrastrukturen über die Zeit garantiert.

Die biodiverse Gesellschaft ist eine wissensbasierte Gesellschaft. Dabei ist Interdisziplinarität eine notwendige Voraussetzung, um die komplexen Wechselwirkungen zwischen ökologischen, gesellschaftlichen und wirtschaftlichen Veränderungen verstehen und gestalten zu können. Komplementär zur Überschreitung disziplinärer Grenzen werden auch die Grenzen zwischen Wissenschaft und Gesellschaft überschritten. Interdisziplinarität wird in der biodiversen Wissenskultur durch Transdisziplinarität ergänzt, die sich für außerwissenschaftliche Akteure öffnet und sie durch verschiedene Formen der partizipativen Bürgerwissenschaft in die Wissensproduktion einbezieht. Um die Vielfalt der Arten zu retten, braucht es unverzichtbar auch Formen nichtwissenschaftlichen Wissens, vor allem das indigene und lokale Wissen und das Wissen der Arten. Wissen und die ihm zugrundeliegenden Daten werden offen, fair und global geteilt.

Die biodiverse Wirtschaft richtet sich nicht primär auf das klassische Ziel des wirtschaftlichen Wachstums aus. Sie hat vielmehr den konvivialen Zusammenhang zwischen ökologischen, ökonomischen und sozialen Prozessen im Blick. Deshalb strebt sie eine nachhaltige Mehrung des Naturkapitals an. Sie zielt auf eine konviviale Balance zwischen ökologischen und wirtschaftlichen Interessen. Für biodiverses Wirtschaften ist es notwendig, die Grenzen der ökologischen Tragfähigkeit wirtschaftlichen Handelns zu bestimmen und den Wert der Natur bei der Gestaltung wirtschaftlicher Austauschbeziehungen zu berücksichtigen. Wachstum ist in der biodiversen Gesellschaft keineswegs ausgeschlossen. Im Gegenteil: Was die biodiverse Wirtschaft am dringendsten benötigt, ist ein Wachstum des Naturkapitals, die ökonomische Grundlage für das konviviale Nachhaltigkeitsprinzip.

In der biodiversen Gesellschaft orientieren wir uns also an dem biodiversen Imperativ, der sich aus dem biodiversen Gesellschaftsvertrag ergibt. Er lässt sich in Anlehnung an

Immanuel Kant wie folgt formulieren: »Handle nur nach derjenigen Maxime, durch die du zugleich wollen kannst, dass sie ein konviviales Gesetz der biodiversen Gesellschaft werde.« Doch man kann diesen biodiversen Imperativ auch auf die folgende Kurzformel bringen:

Rettet die Vielfalt!

Anmerkungen

I. Entwicklung: Artenvielfalt und Artensterben

1 IPBES (2019). Summary for policymakers of the global assessment report on biodiversity and ecosystem services of the Intergovernmental Science-Policy Platform on Biodiversity and Ecosystem Services. Díaz, S. et al. (Hrsg.). IPBES secretariat. Bonn. https://doi.org/10.5281/zenodo.3553458. Seite 24: Abschnitt 6. (Aufgerufen am 09.02.2025).

2 The IUCN Red List of Threatened Species. https://www.iucnredlist.org/. (Aufgerufen am 02.04.2023).

3 World Wide Fund (2024). Living Planet Report 2024 – A System in Peril. WWF, Gland.

4 Rigal, S. et al. (2023). Farmland practices are driving bird population decline across Europe. *PNAS* 120: e2216573120.

5 IPBES (2019). Summary for policymakers of the global assessment report on biodiversity and ecosystem services of the Intergovernmental Science-Policy Platform on Biodiversity and Ecosystem Services. Díaz, S. et al. (Hrsg.). IPBES secretariat. Bonn. https://doi.org/10.5281/zenodo.3553458. Seite 24: Abschnitt 6. (Aufgerufen am 09.02.2025).

6 IPBES (2019). Summary for policymakers of the global assessment report on biodiversity and ecosystem services of the Intergovernmental Science-Policy Platform on Biodiversity and Ecosystem Services. Díaz, S. et al. (Hrsg.). IPBES secretariat. Bonn. https://doi.org/10.5281/zenodo.3553458. Seite 25: Abbildung SPM2. (Aufgerufen am 09.02.2025).

7 FAO (2020). Food and Agriculture Organization of the United

Nations & United Nations Environment Programme. The State of the World's Forests 2020. Forests, biodiversity and people. FAO. Rom.

8 Greifswald Moor Centrum. Moore in Deutschland. https://www.moorwissen.de/moore-in-deutschland.html. (Aufgerufen am 02.04.2023).

9 IPBES (2019). Summary for policymakers of the global assessment report on biodiversity and ecosystem services of the Intergovernmental Science-Policy Platform on Biodiversity and Ecosystem Services. Díaz, S. et al. (Hrsg.). IPBES secretariat. Bonn. (Aufgerufen am 09.02.2025). https://doi.org/10.5281/zenodo.3553458. Seite 25: Grafik SPM.2. (Aufgerufen am 09.02.2025).

10 Nationale Akademie der Wissenschaften Leopoldina, Deutsche Akademie der Technikwissenschaften & Union der deutschen Akademien der Wissenschaften (2020). Biodiversität und Management von Agrarlandschaften – Umfassendes Handeln ist jetzt wichtig. Halle (Saale). Seite 23–31.

11 Blue Action Fund (2022). A Lifeline for the Ocean. Blue Action Fund. Frankfurt am Main.

12 Böhning-Gaese, K. & Bauer, F. (2023). Vom Verschwinden der Arten. Der Kampf um die Zukunft der Menschheit. Klett. Stuttgart. Seite 84–87.

13 Böhning-Gaese, K. & Bauer, F. (2023). Vom Verschwinden der Arten. Der Kampf um die Zukunft der Menschheit. Klett. Stuttgart. Seite 87–90.

14 IPBES (2019). Summary for policymakers of the global assessment report on biodiversity and ecosystem services of the Intergovernmental Science-Policy Platform on Biodiversity and Ecosystem Services. Díaz, S. et al. (Hrsg.). IPBES secretariat. Bonn. https://doi.org/10.5281/zenodo.3553458. (Aufgerufen am 09.02.2025).

15 Böhning-Gaese, K. & Bauer, F. (2023). Vom Verschwinden der Arten. Der Kampf um die Zukunft der Menschheit. Klett. Stuttgart. Seite 47–59.

16 IPBES (2019). Summary for policymakers of the global assessment report on biodiversity and ecosystem services of the Intergovernmental Science-Policy Platform on Biodiversity and Ecosystem Services. Díaz, S. et al. (Hrsg.). IPBES secretariat. Bonn. https://doi.org/10.5281/zenodo.3553458. Seite 23: Grafik SPM.1. (Aufgerufen am 09.02.2025).

17 Böhning-Gaese, K. & Bauer, F. (2023). Vom Verschwinden der Arten. Der Kampf um die Zukunft der Menschheit. Klett. Stuttgart. Seite 62–64.
18 Hierzu und zum Folgenden Böhning-Gaese, K. & Bauer, F. (2023). Vom Verschwinden der Arten. Der Kampf um die Zukunft der Menschheit. Klett. Stuttgart. Seite 45–47.
19 Rockström, J. et al. (2023). Safe and just Earth system boundaries. *Nature* 619, 102–111.
20 Hillebrand, H. et al. (2020). Thresholds for ecological responses to global change do not emerge from empirical data. *Nature Ecology & Evolution* 4(11), 1502–1509.
21 The Convention on Biological Diversity. https://www.cbd.int/convention. (Aufgerufen am 02.04.2023).
22 Kunming-Montreal Global Biodiversity Framework. https://www.cbd.int/doc/decisions/cop-15/cop-15-dec-04-en.pdf. (Aufgerufen am 02.04.2023).
23 Intergovernmental Science-Policy Platform on Biodiversity and Ecosystem Services (IPBES). https://www.ipbes.net/. (Aufgerufen am 02.04.2023).
24 Hierzu und zum Folgenden Leclère, D. et al. (2020). Bending the curve of terrestrial biodiversity needs an integrated strategy. *Nature* 585, 551–556.
25 IPBES (2019). Summary for policymakers of the global assessment report on biodiversity and ecosystem services of the Intergovernmental Science-Policy Platform on Biodiversity and Ecosystem Services. Díaz, S. et al. (Hrsg.). IPBES secretariat. Bonn. https://doi.org/10.5281/zenodo.3553458. Seite 39–47. (Aufgerufen am 09.02.2025).
26 Leclère, D. et al. (2020). Bending the curve of terrestrial biodiversity needs an integrated strategy. *Nature* 585, 551–556.
27 WBGU (2011). Welt im Wandel. Gesellschaftsvertrag für eine Große Transformation. Bonn. https://www.wbgu.de/fileadmin/user_upload/wbgu/publikationen/hauptgutachten/hg2011/pdf/wbgu_jg2011.pdf. (Aufgerufen am 09.02.2025); zuletzt WBGU (2024). Biodiversität: Jetzt dringend handeln für Natur und Mensch. Politikpapier 13. Berlin. https://www.wbgu.de/fileadmin/user_upload/wbgu/publikationen/politikpapiere/pp13_2024/pdf_und_ebook/wbgu_pp13.pdf. (Aufgerufen am 09.02.2025).
28 Meadows, D. (1999). Leverage Points: Places to Intervene in a System. https://donellameadows.org/archives/leverage-points-places-

to-intervene-in-a-system/. (Aufgerufen am 09.02.2025); Fischer, J. & Riechers, M. (2019). A leverage point perspective on sustainability. *People and Nature* 1(1), 115–120.

II. Begriff: Die biodiverse Gesellschaft

1 Vetter, A. (2023). Konviviale Technik, Empirische Technikethik für eine Postwachstumsgesellschaft. transcript. Bielefeld.

2 Büscher, B. & Fletcher, R. (2023). Die Naturschutzrevolution. Radikale Ideen zur Überwindung des Anthropozäns. Passagen. Wien. Seite 164–165.

3 Die konvivialistische Internationale. (2020). Das zweite konvivialistische Manifest. Für eine post-neoliberale Welt. transcript. Bielefeld. Seite 16; vgl. auch ebenda. Seite 35, 39–40.

4 Die konvivialistische Internationale. (2020). Das zweite konvivialistische Manifest. Für eine post-neoliberale Welt. transcript. Bielefeld. Seite 18.

5 Die konvivialistische Internationale. (2020). Das zweite konvivialistische Manifest. Für eine post-neoliberale Welt. transcript. Bielefeld. Seite 42.

6 Die konvivialistische Internationale. (2020). Das zweite konvivialistische Manifest. Für eine post-neoliberale Welt. transcript. Bielefeld. Seite 15.

7 Die konvivialistische Internationale. (2020). Das zweite konvivialistische Manifest. Für eine post-neoliberale Welt. transcript. Bielefeld. Seite 40, 46–47; insbesondere auch Adloff, F. (2018). Politik der Gabe. Für ein anderes Zusammenleben. Nautilus. Hamburg. Seite 189–209, 211–233.

8 IPBES (2022). Summary for Policymakers of the Methodological Assessment Report on the Diverse Values and Valuation of Nature of the Intergovernmental Science-Policy Platform on Biodiversity and Ecosystem Services. Pascual, U. et al. (Hrsg.). IPBES secretariat. Bonn. https://doi.org/10.5281/zenodo.6522392. (Aufgerufen am 09.02.2025).

9 Pereira, L. M. et al. (2020). Developing multiscale and integrative nature–people scenarios using the Nature Futures Framework. *People and Nature* 2(4), 1172–1195.

10 Krebs, A. (2021). Das Weltbild der Igel: Naturethik einmal anders. Schwabe. Basel. Seite 80–85.
11 Kersten, J. (2022). Wir müssen alle unser Leben ändern. Verfassungsblog. 22.06.2023. https://verfassungsblog.de/wir-mussen-alle-unser-leben-andern/. Aufgerufen am 09.02.2025; Kersten, J. (2023). Die Verfassung öffentlicher Güter. Nomos. Baden-Baden. Seite 145–148.
12 Beck, U. (1986). Risikogesellschaft. Auf dem Weg in eine andere Moderne. Suhrkamp. Frankfurt am Main. Insbesondere Seite 7–11.
13 Beck, U. (1986). Risikogesellschaft. Auf dem Weg in eine andere Moderne. Suhrkamp. Frankfurt am Main.
14 Kersten, J. (2022). Das ökologische Grundgesetz. Beck. München. Seite 146–148.
15 Heßler, M. (2011). Unsere Scham vor der Maschine. *Frankfurter Allgemeine Zeitung*, 02.04.2011, 33.
16 Bundesverfassungsgericht (2010). *Neue Zeitschrift für Verwaltungsrecht* 29, 702–706 (704).
17 Kersten, J. (2022). Wir müssen alle unser Leben ändern. Verfassungsblog. 22.06.2023. https://verfassungsblog.de/wir-mussen-alle-unser-leben-andern/. Aufgerufen am 09.02.2025; Kersten, J. (2023). Die Verfassung öffentlicher Güter. Nomos. Baden-Baden. Seite 148–151.
18 Kersten, J. (2022). Wir müssen alle unser Leben ändern. Verfassungsblog. 22.06.2023. https://verfassungsblog.de/wir-mussen-alle-unser-leben-andern/. Aufgerufen am 09.02.2025; Kersten, J. (2023). Die Verfassung öffentlicher Güter. Nomos. Baden-Baden. Seite 149–151.
19 Kimmerer, R. W. (2020). Braiding Sweetgrass. Indigenous wisdom, scientific knowledge and the teachings of plants. Penguin Books. London. Seite 6.
20 Kimmerer, R. W. (2020). Braiding Sweetgrass: Indigenous wisdom, scientific knowledge and the teachings of plants. Penguin Books. London. Seite 141–155.
21 Ökologischer Landbau in Deutschland (2023). Bundesministerium für Ernährung und Landwirtschaft. https://www.bmel.de/SharedDocs/Downloads/DE/Broschueren/OekolandbauDeutschland.pdf?__blob=publicationFile&v=4. (Aufgerufen am 06.05.2024).
22 Liu, D., Wang, T., Penuelas, J. & Piao, S. (2020). Drought resistance

enhancend by tree species diversity in global forests. *Nature Geoscience* 15, 800–804.
23 Die Anpassung von Wäldern und Waldwirtschaft an den Klimawandel (2021). Gutachten des Wissenschaftlichen Beirates für Waldpolitik beim Bundesministerium für Ernährung und Landwirtschaft. Seite 128–132. https://www.bmel.de/SharedDocs/Downloads/DE/_Ministerium/Beiraete/waldpolitik/gutachten-wbw-anpassung-klimawandel.pdf?__blob=publicationFile&v=2. (Aufgerufen am 06.05.2024).
24 Langhammer, P. F. et al. (2024). The positive impact of conservation action. *Science* 384, 453–458.
25 Grass, I. et al. (2019). Land-sharing/-sparing connectivity landscapes for ecosystem services and biodiversity conservation. *People and Nature* 1, 262–272.
26 Hobbes, T. (1651 [1989]). Leviathan oder Stoff, Form und Gewalt eines kirchlichen und bürgerlichen Gemeinwesens. Suhrkamp. [3]Frankfurt am Main.
27 Locke, J. (1690 [1977]). Zwei Abhandlungen über die Regierung. Suhrkamp. Frankfurt am Main.
28 Rousseau, J.-J. (1762 [2003]). Vom Gesellschaftsvertrag oder Grundsätze des Staatsrechts. Reclam. Stuttgart.

III. Prinzip: Konviviale Nachhaltigkeit

1 Mauch, C. (2014). Mensch und Umwelt. Nachhaltigkeit aus historischer Perspektive. oekom. München. Seite 21–30.
2 Carlowitz, H. C. von (1713). Sylvicultura Oeconomica, Oder Haußwirthliche Nachricht und Naturmäßige Anweisung Zur Wilden Baum-Zucht. Braun. Leipzig. Seite 105–106; vgl. dazu Sächsische Carlowitz-Gesellschaft (Hrsg.) (2013). Die Erfindung der Nachhaltigkeit. Leben, Werk und Wirkung des Hans Carl von Carlowitz. oekom. München; Hölzl, R. (2010). Historicizing Sustainability: German Scientific Forestry in the Eighteenth and Nineteenth Centuries. *Science as Culture* 19(4), 431–460.
3 World Commission on Environment and Development (1987). Our Common Future. https://en.wikisource.org/wiki/Brundtland_Report. Seite 42. (Aufgerufen am 16.10.2024).

4 Vgl. für die Verankerung der Nachhaltigkeit und Generationengerechtigkeit in Hessen: Der Staat, die Gemeinden und Gemeindeverbände berücksichtigen bei ihrem Handeln das Prinzip der Nachhaltigkeit, um die Interessen künftiger Generationen zu wahren. (Art. 26 c Verfassung Hessen); in Schleswig-Holstein: Das Land Schleswig-Holstein ist bestrebt, durch nachhaltiges Handeln die Interessen gegenwärtiger wie künftiger Generationen zu schützen. (Präambel Verfassung Schleswig-Holstein).

5 Vgl. umfassend Vogt, M. (2009). Prinzip Nachhaltigkeit. Ein Entwurf aus theologisch-ethischer Perspektive. oekom. München.

6 Böhning-Gaese, K. & Bauer, F. (2023). Vom Verschwinden der Arten. Der Kampf um die Zukunft der Menschheit. Klett. Stuttgart. Seite 12, 33–34, 37–40.

7 Carson, R. (1962). Silent Spring. Houghton Mifflin. Cambridge.

8 Böhning-Gaese, K. & Bauer, F. (2023). Vom Verschwinden der Arten. Der Kampf um die Zukunft der Menschheit. Klett. Stuttgart. Seite 52 mit weiteren Nachweisen; für das folgende Zitat Seite 144.

9 Boysen, S. (2021). Die postkoloniale Konstellation. Natürliche Ressourcen und das Völkerrecht der Moderne. Mohr Siebeck. Tübingen. Seite 89.

10 Appel, I. (2005). Staatliche Zukunfts- und Entwicklungsvorsorge. Zum Wandel der Dogmatik des Öffentlichen Rechts am Beispiel des Konzepts der nachhaltigen Entwicklung im Umweltrecht. Mohr Siebeck. Tübingen. Seite 339–348, zum dreidimensionalen Nachhaltigkeitsgrundsatz.

11 Vgl. hierzu und zum Folgenden Kersten, J. (2022). Das ökologische Grundgesetz. Beck. München. Seite 48–50.

12 Vgl. hierzu und zum Folgenden die Kritik bei Ott, K. (2010). Umweltethik zur Einführung. Junius. ^{2}Hamburg. Seite 165–166, 169.

13 Vgl. hierzu und zum Folgenden kritisch Ott, K. (2010). Umweltethik zur Einführung. Junius. ^{2}Hamburg. Seite 165–166.

14 Die Regelung des § 1 Abs. 2 Satz 2 Alt. 2 Standortauswahlgesetz lautet: Der Standort mit der bestmöglichen Sicherheit ist der Standort, der im Zuge eines vergleichenden Verfahrens aus den in der jeweiligen Phase nach den hierfür maßgeblichen Anforderungen dieses Gesetzes geeigneten Standorten bestimmt wird und die bestmögliche Sicherheit für den dauerhaften Schutz von Mensch und Umwelt vor ionisierender Strahlung und sonstigen schädlichen Wirkungen dieser Abfälle *für einen Zeitraum von einer Million Jah-*

ren gewährleistet. Vgl. hierzu Kersten, J. (2016). Eine Million Jahre? Über die juristische Metaphysik der atomaren Endlagerung. In: Kersten, J. (Hrsg.). Inwastement – Abfall in Umwelt und Gesellschaft. transcript. Bielefeld. Seite 269–288.

15 Vgl. pointiert Ott, K. (2010). Umweltethik zur Einführung. Junius. [2]Hamburg. Seite 164–167; Vogt, M. (2009). Prinzip Nachhaltigkeit. Ein Entwurf aus theologisch-ethischer Perspektive. oekom. München. Seite 216–222.

16 Vgl. hierzu und zum Folgenden Vereinte Nationen. Ziele für nachhaltige Entwicklung. https://unric.org/de/17ziele/. Aufgerufen am 09.02.2025.

17 Vgl. hierzu und zum Folgenden Ott, K. (2010). Umweltethik zur Einführung. Junius. [2]Hamburg. Seite 167–192; Ott, K. & Döring, R. (2004). Theorie und Praxis starker Nachhaltigkeit. Metropolis. Marburg. Seite 138–171.

18 Ott, K. & Döring, R. (2004). Theorie und Praxis starker Nachhaltigkeit. Metropolis. Marburg. Seite 162.

19 Costanza, R. et al. (1997). The value of the world's ecosystem services and natural capital. *Nature* 387, 254–260.

20 Methorst, J. et al. (2021). The importance of species diversity for human well-being in Europe. *Ecological Economics* 181, 106 917.

21 IPBES (2019). Summary for policymakers of the global assessment report on biodiversity and ecosystem services of the Intergovernmental Science-Policy Platform on Biodiversity and Ecosystem Services. Díaz, S. et al. (Hrsg.). IPBES secretariat. Bonn. https://doi.org/10.5281/zenodo.3553458. Seite 23: Grafik SPM.1. Aufgerufen am 09.02.2025.

22 Branca, G. et al. (2011). Payments for watershed services supporting sustainable agricultural development in Tanzania. *Journal of Environment & Development* 20, 278–301.

23 Díaz, S. et al. (2018). Assessing nature's contributions to people. *Science* 359, 270–272.

24 Vgl. hierzu und zum Folgenden Kersten, J. (2024). Konviviale Nachhaltigkeit. Begriff – Konzept – Dogmatik. *Neue Zeitschrift für Verwaltungsrecht* 43, 614–620 (616–617).

25 https://www.cbd.int/gbf. (Aufgerufen am 16.10.2024).

26 Vgl. hierzu und zum Folgenden Böhning-Gaese, K. & Bauer, F. (2023). Vom Verschwinden der Arten. Der Kampf um die Zukunft der Menschheit. Klett. Stuttgart. Seite 173.

IV. Infrastrukturen:
Ökologische Daseinsvorsorge

1 Vgl. hierzu und zum Folgenden Kersten, J. (2023). Die Verfassung öffentlicher Güter. Nomos. Baden-Baden. Seite 29–34.

2 Van Laak, D. (2019). Alles im Fluss. Die Lebensadern unserer Gesellschaft – Geschichte und Zukunft der Infrastruktur. Fischer. Frankfurt am Main.

3 Vgl. nur Weber, M. (1921 [1980]). Wirtschaft und Gesellschaft. Grundriss der verstehenden Soziologie. Mohr Siebeck. [5]Tübingen. Seite 561–562.

4 Jellinghaus, L. (2006). Zwischen Daseinsvorsorge und Infrastruktur. Zum Funktionswandel von Verwaltungswissenschaften und Verwaltungsrecht in der zweiten Hälfte des 19. Jahrhunderts. Klostermann. Frankfurt am Main. Seite 16–32.

5 Evans, R. J. (2022): Tod in Hamburg. Stadt, Gesellschaft und Politik in den Cholera-Jahren 1830–1910. Pantheon. München.

6 Kühl, U. (Hrsg.) (2001). Der Munizipalsozialismus in Europa. Oldenbourg. München.

7 Hegel, G. W. F. (1821 [1986]). Grundlinien der Philosophie des Rechts oder Naturrecht und Staatswissenschaft im Grundrisse. Werke 7. Suhrkamp. Frankfurt am Main. Seite 385 (§ 236) (Hervorhebungen durch die Verfasser).

8 Forsthoff, E. (1938). Die Verwaltung als Leistungsträger. Kohlhammer. Stuttgart & Berlin. Seite 4–21; hierzu Kersten, J. (2005). Die Entwicklung des Konzepts der Daseinsvorsorge im Werk von Ernst Forsthoff. *Der Staat* 44, 543–569.

9 Vgl. hierzu und zum Folgenden Kersten, J. (2023). Die Verfassung öffentlicher Güter. Nomos. Baden-Baden. Seite 34–37.

10 Vgl. Art. 36 Charta der Grundrechte der Europäischen Union (CGREU).

11 Vgl. Art. 87 Abs. 1 Satz 1 Nr. 4 Bayerische Gemeindeordnung (BayGO), § 102 Abs. 1 Nr. 3 Gemeindeordnung Baden-Württemberg (GemO BW), § 62 a Abs. 2 Nr. 1; § 71 Abs. 2 Nr. 4 Thüringer Gemeinde- und Landkreisordnung (ThürKO).

12 Vgl. § 1 Abs. 1 Gesetz zur Regionalisierung des öffentlichen Personennahverkehrs (RegG).

13 Vgl. § 2 Abs. 2 Nrn. 1 und 3 Raumordnungsgesetz (ROG).

14 Vgl. Art. 240 § 1 Abs. 1 Satz 3 Einführungsgesetz zum Bürgerlichen Gesetzbuche (EGGVG) (a. F.).

15 Vgl. Art. 4 Gesetz über die Digitalisierung im Freistaat Bayern (BayDiG).

16 Vgl. für Deutschland Blackbourn, D. (2007). Die Eroberung der Natur. Eine Geschichte der deutschen Landschaft. Pantheon. München.

17 Marx, K. & Engels, F. (1848 [1984]). Manifest der Kommunistischen Partei. Dietz. Berlin. Seite 50–51.

18 Breuer, S. (1995). Die Gesellschaft des Verschwindens. Von der Selbstzerstörung der technischen Zivilisation. Rotbuch. Hamburg. Seite 13.

19 Blumenberg, H. (1987). Die Sorge geht über den Fluß. Suhrkamp. Frankfurt am Main. Seite 85.

20 Markl, H. (1991). Natur als Kulturaufgabe. Über die Beziehung des Menschen zur lebendigen Natur. Droemer Knaur. München. Seite 317.

21 Schwägerl, C. (2012). Menschenzeit. Zerstören oder gestalten? Wie wir heute die Welt von morgen schaffen. Goldmann. München. Seite 126; vgl. auch zur »grünen Infrastruktur in den Städten« Köck, W., Neubauer, M. & Dahms, H. (2024). Die geplante »Große BauGB-Novelle« für die Stärkung der grünen Infrastruktur in den Städten nutzen! *Neue Zeitschrift für Verwaltungsrecht* 43, 296–302.

22 Mauch, C. (2014). Mensch und Umwelt. Nachhaltigkeit aus historischer Perspektive. oekom. München. Seite 68.

23 Böhning-Gaese, K. & Bauer, F. (2023). Vom Verschwinden der Arten. Der Kampf um die Zukunft der Menschheit. Klett. Stuttgart. Seite 51–54.

24 Vgl. § 2 Abs. 1 Nr. 2 Umweltinformationsgesetz (UIG).

25 BAFU, Ökologische Infrastruktur. https://www.bafu.admin.ch/bafu/de/home/themen/biodiversitaet/fachinformationen/oekologische-infrastruktur.html. Aufgerufen am 09.02.2025.

26 Mitteilung der Kommission, COM (2013) 249 final; vgl. für die Bundesrepublik Bundesamt für Naturschutz (2017). Bundeskonzept Grüne Infrastruktur.

27 Vgl. hierzu und zum Folgenden Kersten, J. (2024). Konviviale Nachhaltigkeit. Begriff – Konzept – Dogmatik. *Neue Zeitschrift für Verwaltungsrecht* 43, 614–620 (618–620).

28 Böhning-Gaese, K. & Bauer, F. (2023). Vom Verschwinden der Arten. Der Kampf um die Zukunft der Menschheit. Klett. Stuttgart. Seite 12, 38.
29 Vgl. hierzu und zum Folgenden Böhning-Gaese, K. & Bauer, F. (2023). Vom Verschwinden der Arten. Der Kampf um die Zukunft der Menschheit. Klett. Stuttgart. Seite 47–59.
30 Vgl. hierzu und zum Folgenden Kersten, J. (2024). Konviviale Nachhaltigkeit. Begriff – Konzept – Dogmatik. *Neue Zeitschrift für Verwaltungsrecht* 43 (2024), 614–620 (618).
31 Vgl. International Platform on Biodiversity and Ecosystem Services. Die vielfältigen Werte und ihre Verwertung der Natur (https://zenodo.org/records/10026757). (Aufgerufen am 09.02. 2025), für eine multiperspektivische, ethisch mehrdimensionale und kulturell differenzierte Bewertung der Biodiversität und ihrer Ökosystemleistungen als Grundlage für die politische Gestaltung.
32 Böhning-Gaese, K. & Bauer, F. (2023). Vom Verschwinden der Arten. Der Kampf um die Zukunft der Menschheit. Klett. Stuttgart. Seite 199.
33 Reichholf, J. H. (2023). Stadtnatur. Eine neue Heimat für Tiere und Pflanzen. oekom. München.
34 Vgl. hierzu und zum Folgenden Böhning-Gaese, K. & Bauer, F. (2023). Vom Verschwinden der Arten. Der Kampf um die Zukunft der Menschheit. Klett. Stuttgart. Seite 119–142.
35 Vgl. hierzu und zum Folgenden programmatisch Böhning-Gaese, K. & Bauer, F. (2023). Vom Verschwinden der Arten. Der Kampf um die Zukunft der Menschheit. Klett. Stuttgart. Seite 142–144.
36 Sloterdijk, P. (2023). Die Reue des Prometheus. Von der Gabe des Feuers zur globalen Brandstiftung. Suhrkamp. Berlin. Seite 63.
37 Davis, M. (2006). Planet of Slums. Verso. London.
38 Vgl. hierzu und zum Folgenden Reichholf, J. H. (2023). Stadtnatur. Eine neue Heimat für Tiere und Pflanzen. oekom. München; Kersten, J. (2012). »Im Dickicht der Städte« – Biodiversität und Stadtentwicklung. *Umwelt- und Planungsrecht* 26, 15–22 mit weiteren Nachweisen.
39 Mitscherlich, A. (1965 [2008]). Die Unwirtlichkeit unserer Städte. Suhrkamp. Frankfurt am Main. Seite 150.
40 Marselle, M. R. et al. (2021). Pathways linking biodiversity to human health: A conceptual framework. *Environment International* 150, 106 420.

41 Cox, D. T. C. et al. (2017). Doses of neighbourhood nature: The benefits for mental health of living with nature. *Bioscience* 67, 147–155.
42 Mauch, C. (2014). Mensch und Umwelt. Nachhaltigkeit aus historischer Perspektive. oekom. München. Seite 68.
43 Reichholf, J. H. (2010). Naturschutz. Krise und Zukunft, Suhrkamp. Berlin. Seite 55.
44 Reichholf, J. H. (2010). Naturschutz. Krise und Zukunft, Suhrkamp. Berlin. Seite 49.
45 Vgl. § 35 Baugesetzbuch (BauGB); hierzu Kersten, J. (2023). Baurecht. In: Schoch, F. & Eifert, M. (Hrsg.). Besonderes Verwaltungsrecht. Beck. ²München. Seite 459–677 (616).
46 Statistisches Bundesamt. Bodenfläche insgesamt nach Nutzungsarten in Deutschland am 31.12.2022. https://www.destatis.de/DE/Themen/Branchen-Unternehmen/Landwirtschaft-Forstwirtschaft-Fischerei/Flaechennutzung/Tabellen/bodenflaeche-insgesamt.html. (Aufgerufen am 31.05.2024).
47 Nationale Akademie der Wissenschaften Leopoldina, Deutsche Akademie der Technikwissenschaften & Union der deutschen Akademien der Wissenschaften (2020). Biodiversität und Management von Agrarlandschaften – Umfassendes Handeln ist jetzt wichtig. Halle. Seite 10–17.
48 Vgl. hierzu und zum Folgenden Böhning-Gaese, K. & Bauer, F. (2023). Vom Verschwinden der Arten. Der Kampf um die Zukunft der Menschheit. Klett. Stuttgart. Seite 95–118.
49 Engels, J. I. & Nordmann A. (Hrsg.) (2018). Was heißt Kritikalität? Zu einem Schlüsselbegriff der Debatte um Kritische Infrastrukturen. transcript. Bielefeld.
50 Vgl. hierzu und zum Folgenden Kersten, J. (2023). Die Verfassung öffentlicher Güter. Nomos. Baden-Baden. Seite 121–128.
51 Bundesministerium des Innern (2009). Nationale Strategie zum Schutz Kritischer Infrastrukturen (KRITIS-Strategie). Berlin; Bundesamt für Bevölkerungsschutz und Katastrophenhilfe (2020). 10 Jahre »KRITIS-Strategie«. Einblicke in die Umsetzung der Nationalen Strategie zum Schutz Kritischer Infrastrukturen. Bonn. Seite 9–10, 20–25.
52 Bundesministerium des Innern (2009). Nationale Strategie zum Schutz Kritischer Infrastrukturen (KRITIS-Strategie). Berlin. Seite 3.
53 Bundesministerium des Innern (2009). Nationale Strategie zum

Schutz Kritischer Infrastrukturen (KRITIS-Strategie). Berlin. Seite 5.

54 Vgl. Bundesamt für Bevölkerungsschutz und Katastrophenhilfe (2020). 10 Jahre »KRITIS-Strategie«. Einblicke in die Umsetzung der Nationalen Strategie zum Schutz Kritischer Infrastrukturen. Bonn. Seite 24.

55 Vgl. hierzu und zum Folgenden Bundesministerium des Innern (2009). Nationale Strategie zum Schutz Kritischer Infrastrukturen (KRITIS-Strategie). Berlin. Seite 7, 10.

56 Vgl. Bundesamt für Bevölkerungsschutz und Katastrophenhilfe (2020). 10 Jahre »KRITIS-Strategie«. Einblicke in die Umsetzung der Nationalen Strategie zum Schutz Kritischer Infrastrukturen. Bonn. Seite 11.

V. Politik: Die nachhaltige Verfassungsordnung

1 Vgl. hierzu und zum Folgenden Böhning-Gaese, K. & Bauer, F. (2023). Vom Verschwinden der Arten. Der Kampf um die Zukunft der Menschheit. Klett. Stuttgart. Seite 145–147.

2 Vgl. hierzu und zum Folgenden https://www.cbd.int/convention. (Aufgerufen am 09.02.2025).

3 Vgl. Art. 1 Biodiversitätskonvention.

4 Vgl. hierzu und zum Folgenden https://www.cbd.int/sp/targets.

5 Vgl. https://www.cbd.int/doc/decisions/cop-15/cop-15-dec-04-en.pdf; https://www.cbd.int/gbf. (Aufgerufen am 09.02.2025); hierzu und zum Folgenden Böhning-Gaese, K. & Bauer, F. (2023). Vom Verschwinden der Arten. Der Kampf um die Zukunft der Menschheit. Klett. Stuttgart. Seite 147–158.

6 Vgl. kritisch Böhning-Gaese, K. & Bauer, F. (2023). Vom Verschwinden der Arten. Der Kampf um die Zukunft der Menschheit. Klett. Stuttgart. Seite 150–152, 156–158.

7 Kahl, W. & Gärditz, K. F. (2023). Umweltrecht. Beck. [13]München. Seite 402–403.

8 Vgl. Bundesgesetzblatt 1994 I, 3146.

9 Vgl. Bundesgesetzblatt 2002 I, 2862.

10 Vgl. Deutscher Bundestag-Drucksache 12/6000. Seite 67: »Der Umweltschutz wird als objektiv-rechtliches Staatsziel ausgestaltet;

die von der Gemeinsamen Verfassungskommission empfohlene Formulierung enthält keinen subjektiven Anspruchstatbestand. Es wird daher nicht möglich sein, aufgrund der empfohlenen Staatszielbestimmung bestimmte Umweltentscheidungen einzuklagen oder aus ihr konkrete Leistungsansprüche abzuleiten.«

11 Jellinek, G. (1905). System der subjektiven öffentlichen Rechte. Mohr Siebeck. [2]Tübingen. Seite 51, 56–57.

12 Gutmann, A. (2011). Der globale Trend zu Rechten der Natur: Entsteht ein dekoloniales und ökologisches Recht von unten? In: Adloff, F. & Busse, T. (Hrsg.). Welche Rechte braucht die Natur? Wege aus dem Artensterben. Campus. Frankfurt am Main & New York. Seite 133–146 (133).

13 Vgl. jedoch bereits Stone, C. D. (1972). Should Trees Have Standing? – Toward Legal Rights for Natural Objects. *Southern California Law Review* 45, 450–501.

14 Fischer-Lescano, A. (2018). Natur als Rechtsperson. Konstellationen der Stellvertretung im Recht. *Zeitschrift für Umweltrecht* 29, 205–216 (206–207); Gutmann, A. (2012). Der globale Trend zu Rechten der Natur: Entsteht ein dekoloniales und ökologisches Recht von unten? In: Adloff, F. & Busse, T. (Hrsg.). Welche Rechte braucht die Natur? Wege aus dem Artensterben. Campus. Frankfurt am Main & New York. Seite 133–146; Gutmann, A. (2021). Hybride Rechtsubjekte. Die Rechte der »Natur oder Pacha Mama« in der ecuadorianischen Verfassung von 2008. Nomos. Baden-Baden.

15 Arling, H. (2023). Wo, wie und warum Ökosysteme klagen. *Legal Tribune Online (LTO)*, 05.09.2023. https://www.lto.de/recht/hintergruende/h/rechte-der-natur-umweltschutz-naturschutz-rechtssubjekt-oekologie-verfassung/. (Aufgerufen am 09.02.2025).

16 LG Erfurt, Urteil vom 2.8.2024–8 O 1373/21, *Beck-Rechtsprechung (Beck-RS)* 2024, 19 541, Rn. 23–33; LG Erfurt, Urteil v. 17.10.2024 – 8 O 836/22, *Beck-Rechtsprechung (Beck-RS)* 2024, 28 189, Rn. 22–84; vgl. hierzu Kring, F. (2024). LG Erfurt erkennt in Dieselfall Rechte der Natur an. Jetzt klagt die Natur mit. *Legal Tribune Online (LTO)*, 15.08.2024. https://www.lto.de/recht/hintergruende/h/lg-erfurt-urteil-80137321-dieselskandal-rechte-der-natur-klimawandel-zerstoerung-der-umwelt; Gutmann, A. & Ruales, J. G. (2024). Von Flüssen und Dieselabgaben. *Verfassungsblog*. 18.06.2024. https://verfassungsblog.de/rechte-der-natur-rio-machangara-dieselskandal/; Haake C. (2024). Pioniertat oder Bärendienst. Das LG Erfurt über

EU-Grundrechte für die Natur. *Verfassungsblog*. 26.08.2024. https://verfassungsblog.de/rechte-der-natur-erfurt/; Wesche, T. (2024). Fremdes Eigentum. *Frankfurter Allgemeine Zeitung*. 26.10.2024, 14. Gutmann, A. (2024). Fruchtbare Irritationen. Das zweite Urteil des LG Erfurt zu Rechten der Natur. *Verfassungsblog*. 28.10.2024. https://verfassungsblog.de/rechte-der-natur-erfurt-2/; Funke, A. (2024). Hier spricht der Richter. *Verfassungsblog*. 31.10.2024. https://verfassungsblog.de/author/andreas-funke/; Calliess, C. (2024). Hat die Natur eigene Rechte? *Frankfurter Allgemeine Zeitung*. 14.11.2024, 7. (Aufgerufen am 09.02.2025).

17 Gutmann, A. (2021). Hybride Rechtsubjekte. Die Rechte der »Natur oder Pacha Mama« in der ecuadorianischen Verfassung von 2008. Nomos. Baden-Baden.

18 Buser, A. & Ott, H. E. (2021). Zur Ökologisierung des Rechts: Rechte der Natur als Paradigmenwechsel. In: Adloff, F. & Busse, T. (Hrsg.). Welche Rechte braucht die Natur? Wege aus dem Artensterben. Campus. Frankfurt am Main & New York. Seite 159–173 (168–169).

19 Mills, L. S., Soulé, M. E. & Doak, D. F. (1993). The keystone-species concept in ecology and conservation. *Bioscienc* 43(4), 219–224.

20 Leimbacher, J. (1988). Die Rechte der Natur. Helbing & Lichtenhahn. Basel & Frankfurt am Main. Seite 268–273.

21 Kersten, J. (2024). Konviviale Nachhaltigkeit. Begriff – Konzept – Dogmatik. *Neue Zeitschrift für Verwaltungsrecht* 43, 614–620 (620).

22 Vgl. § 4 Abs. 2 Wasserhaushaltsgesetz (WHG).

23 Vgl. hierzu und zum Folgenden Wesche, T. (2023). Die Rechte der Natur. Vom nachhaltigen Eigentum. Suhrkamp. Berlin. Seite 9–42, 111–140, 149–166, 238–248.

24 Wesche, T. (2023). Die Rechte der Natur. Vom nachhaltigen Eigentum. Suhrkamp. Berlin. Seite 262.

25 Wesche, T. (2023). Die Rechte der Natur. Vom nachhaltigen Eigentum. Suhrkamp. Berlin. Seite 249–292.

26 Vgl. hierzu und zum Folgenden Kersten, J. (2022). Das ökologische Grundgesetz. Beck. München. Seite 111–118.

27 Vgl. auch Kersten, J. (2022). Das ökologische Grundgesetz. Beck. München. Seite 115.

28 Vgl. hierzu und zum Folgenden Kersten, J. (2022). Das ökologische Grundgesetz. Beck. München. 135–158.

29 Janda, C. (2021). Sozialstaat for Future. Der Klima-Beschluss

des BVerfG und seine Bedeutung für die Sozialgesetzgebung. *Zeitschrift für Rechtspolitik* 54, 149–153 (153).

30 Vgl. hierzu und zum Folgenden BVerfGE 157, 30. Randnummer: 182–238.

31 BVerfGE 157, 30. Randnummer: 122, 183.

32 Vgl. Bundesgesetzblatt 2021 I, 3905.

33 Vgl. hierzu und zum Folgenden Kersten, J. & Kaupp, E. (2022). Die Verfassung einer prospektiven Gesellschaft. Wie zukunftsoffen ist das Grundgesetz? *Juristische Schulung* 62, 473–482 (478–478).

VI. Wissenschaft: Biodiverse Wissenskultur

1 Vgl. hierzu aus der Fülle der Literatur bes. Weingart, P. (2002). Die Stunde der Wahrheit? Zum Verhältnis der Wissenschaft zu Politik, Wirtschaft und Medien in der Wissensgesellschaft. Velbrück. Weilerswist; Szöllösi-Janze, J. (2004). Wissensgesellschaft in Deutschland: Überlegungen zur Neubestimmung der deutschen Zeitgeschichte über Verwissenschaftlichungsprozesse. *Geschichte und Gesellschaft* 30, 275–311.

2 Renn, J. (2022). Die Evolution des Wissens. Eine Neubestimmung der Wissenschaft für das Anthropozän. Suhrkamp. Berlin. Seite 46; vgl. auch Vogt, M. (2019). Ethik des Wissens. Freiheit und Verantwortung der Wissenschaft in Zeiten des Klimawandels. oekom. München.

3 Renn, J. (2022). Die Evolution des Wissens. Eine Neubestimmung der Wissenschaft für das Anthropozän. Suhrkamp. Berlin. Seite 47.

4 Vgl. Herzberg, S. (2011). Wahrnehmung und Wissen bei Aristoteles. Zur epistemologischen Funktion der Wahrnehmung. De Gruyter. Berlin.

5 Vgl. allg. Bowker, G. & Leigh Star, S. (1999). Sorting Things Out: Classification and Its Consequences. MIT Press. Cambridge; Daston L. (2018). Gegen die Natur. Matthes & Seitz. Berlin. Seite 78–87.

6 Vgl. dazu bes. Stichweh, M. (1984). Zur Entstehung des modernen Systems wissenschaftlicher Disziplinen. Physik in Deutschland 1740–1890. Suhrkamp. Frankfurt am Main; Schauz, D. (2020). Nützlichkeit und Erkenntnisfortschritt. Eine Geschichte des modernen Wissenschaftsverständnisses. Wallstein. Göttingen.

7 Statista, https://de.statista.com/statistik/daten/studie/37066/umfrage/wissenschaftler-und-forscher-an-der-gesamtzahl-der-arbeiter-im-laendervergleich/. (Aufgerufen am 24.07.2024).

8 Statista, https://de.statista.com/statistik/daten/studie/1016642/umfrage/ranking-der-laender-mit-den-meisten-veroeffentlichten-publikationen/. (Aufgerufen am 24.07.2024); Zahlen für 2017.

9 Luhmann, N. (1992). Die Wissenschaft der Gesellschaft. Suhrkamp. Frankfurt am Main. Seite 456.

10 Mittelstraß, J. (1987). Die Stunde der Interdisziplinarität? In: Kocka, J. (Hrsg.). Interdisziplinarität. Theorie, Praxis, Probleme. Suhrkamp. Frankfurt am Main. Seite 152–158. Vgl. hierzu und zum Folgenden Stichweh, R. (2021). Disziplinarität, Interdisziplinarität, Transdisziplinarität. Strukturwandel des Wissenschaftssystems (1750–2020). In: Schmohl, T., Philipp, T. & Schabert, J. (Hrsg.). Handbuch Transdisziplinäre Didaktik. transcript. Bielefeld. Seite 433–448; Rödder, S. (2021). Disziplinarität. In: Ebenda. Seite 67–78.

11 Siehe dazu Toepfer, G. (2020). Diversität. Historische Perspektiven auf einen Schlüsselbegriff der Gegenwart. *Zeithistorische Forschungen* 17, 130–144. Vgl. zum Folgenden Misof, B., Tockner, K. & Trischler, H. (2023). Die Bibliothek des biologischen, technischen und kulturellen Wissens – Warum brauchen wir eine integrierte Sammlungsinfrastruktur? *Bibliothek – Forschung und Praxis* 47, DOI: 10.1515/bfp-2023-0054.

12 Roebroeks, W. et al. (2021). Landscape modification by Last Interglacial Neanderthals. *Science Advances* 7 (51), DOI: 10.1126/sciadv.abj5567; Gaudzinski-Windheuser, S., Kindler, L. & Roebroeks, W. (2023). Beaver exploitation, 400,000 years ago, testifies to prey choice diversity of Middle Pleistocene hominins. *Scientific Reports* 13, 19 766, DOI: 10.1038/s41 598-023-46 956-6; Gaudzinski-Windheuser, S., Kindler, L. & Roebroeks, W. (2023). Widespread evidence for elephant exploitation by Last Interglacial Neanderthals on the North European plain. *PNAS* 120(50), DOI: 10.1073/pnas.2309427120.

13 Zalasiewicz, J. et al. (2017). Scale and diversity of the physical technosphere. A geological perspective. *The Anthropocene Review* 4(1), 9–22.

14 Haff, P. (2014). Humans and technology in the Anthropocene. Six rules. *The Anthropocene Review* 1(1), 126–136.

15 Renn, J. (2022). From the History of Science to Geoanthropology. *ISIS* 113, 377–385.

16 Maasen S. & Dickel, S. (2016). Partizipation, Responsivität, Nachhaltigkeit. Zur Realfiktion eines neuen Gesellschaftsvertrags. In: Simon, D., Knie, A., Hornbostel, S. & Zimmermann, K. (Hrsg.). Handbuch Wissenschaftspolitik. Springer. [2]Wiesbaden. Seite 225–242.

17 Dickel S. & Franzen M. (2015). Digitale Inklusion. Zur sozialen Öffnung des Wissenschaftssystems. *Zeitschrift für Soziologie* 44, 330–347; Wenniger, A. et al. (2019). Ein- und Ausschließen. Evidenzpraktiken in der Anthropozändebatte und der Citizen Science. In: Zachmann, K. & Ehlers, S. (Hrsg.). Wissen und Begründen. Evidenz als umkämpfte Ressource in der Wissensgesellschaft. Nomos. Baden-Baden. Seite 31–58.

18 Hallmann, C. A. et al. (2017). More than 75 percent decline over 27 years in total flying insect biomass in protected areas. *PloS One* 12(10), e0 185 809.

19 Bayerisches Staatsministerium für Umwelt und Verbraucherschutz. Volksbegehren »Artenvielfalt und Naturschönheit in Bayern«. https://www.stmuv.bayern.de/themen/naturschutz/bayerns_naturvielfalt/volksbegehren_artenvielfalt/index.htm. (Aufgerufen am 07.08.2024).

20 Jansen, M. et al. (2024). Engaging Citizen Scientists in Biodiversity Monitoring: Insights from the WildLIVE! Project. *Citizen Science: Theory and Practice* 9(1), DOI: 10.5334/cstp.665.

21 Srisathan, W. A. et al. (2024). The impact of citizen science on environmental attitudes, environmental knowledge, environmental awareness to pro-environmental citizenship behaviour. *International Journal of Sustainable Engineering* 17(1), 1–19.

22 Charles, A., Loucks, L., Berkes, F. & Armitage, D. (2020). Community science: A typology and its implications for governance of social-ecological systems. *Environmental Science & Policy* 106, 77–86.

23 Guston, D. & Keniston, K. (1994). The Fragile Contract. University, Science and Federal Government. Cambridge University Press. London. Grundlegend für den alten Gesellschaftsvertrag war der vom einflussreichen MIT-Ingenieur und Architekten der amerikanischen Kriegswirtschaft, Vannevar Bush, unmittelbar nach Kriegsende für US-Präsident Franklin D. Roosevelt verfasste Bericht »Science, the Endless Frontier«.

24 Vgl. etwa Vavakova, B. (1998). The New Social Contract Between Governments, Universities and Society. Has the Old One Failed?

Minerva 36, 209–228; Maasen S. & Dickel S. (2016). Partizipation, Responsivität, Nachhaltigkeit. Zur Realfiktion eines neuen Gesellschaftsvertrags. In: Simon, D., Knie, A., Hornbostel, S. & Zimmermann, K. (Hrsg.). Handbuch Wissenschaftspolitik. Springer. [2]Wiesbaden. Seite 225–242.

25 Bromme, R. et al. (2022). An anchor in troubled times: Trust in science before and within the COVID-19 pandemic. *PLoS ONE* 17(2), DOI: 10.1371/journal.pone.0 262 823.

26 Renn, O. (2019). Die Rolle(n) transdisziplinärer Wissenschaft bei konfliktgeladenen Transformationsprozessen. *GAIA* 28(1), 44–51 (48).

27 Renn, J. (2022). Die Evolution des Wissens. Eine Neubestimmung der Wissenschaft für das Anthropozän. Suhrkamp. Berlin. Seite 745. Vgl. a. Hirsch Hadorn, G. et al. (2006). Implications of transdisciplinarity for sustainability research. *Ecological Economics* 60, 119–128. DOI: 10.1016/j.ecolecon.2005.12 002; Pohl, C. & Hirsch Hadorn, G. (2007). Principles for Designing Transdisciplinary Research. oekom. München.

28 Vgl. Backhouse, M. (2022). Wissen(schaft) und lokales ökologisches Wissen. In: Gottschlich, D., Hackfort, S., Schmitt, T. & von Winterfeld, T. (Hrsg.). Handbuch Politische Ökologie. Theorien, Konflikte, Begriffe, Methoden. transcript. Bielefeld. Seite 483–489; Antweiler, C. (1998). Local Knowledge and Local Knowing. An Anthropological Analysis of Contested »Cultural Products« in the Context of Development. *Anthropos* 93, 469–494.

29 https://www.youtube.com/watch?v=TqokWs1q3hI. (Aufgerufen am 07.08.2024).

30 Brown, K. (2023). Indigenous Kogi worldview aims to change face of conservation for good. *Mongabay – Conservation News*, 18.01.2023. https://news.mongabay.com/2023/01/indigenous-kogi-worldview-aims-to-change-face-of-conservation-for-good/. (Aufgerufen am 31.07.2024); vgl. auch Buchholz, L. (2022). Kogi. Wie ein Naturvolk unsere moderne Welt inspiriert. Neue Erde Verlag. Saarbrücken.

31 The Pontifical Academy of Sciences (2024). Final statement of the workshop on indigenous peoples' knowledge and the sciences: Combining traditional knowledge and sciences for resilience to address climate change, biodiversity loss, food security, health. https://www.pas.va/en/events/2024/indigenous_peoples/final_statement.html. (Aufgerufen am 07.08.2024).

32 Taylor, B. (2020). Dunkelgrüne Religionen. Naturspiritualität und die Zukunft des Planeten. Brill & Fink. Paderborn.

33 Vgl. dazu bes. Spenger, M. (2020). Green Beat. Gary Snyder und die moderne amerikanische Umweltbewegung. Vandenhoeck & Ruprecht. Göttingen.

34 Taylor, B. (2020). Dunkelgrüne Religionen. Naturspiritualität und die Zukunft des Planeten. Brill & Fink. Paderborn. Seite 294.

35 Berkes, F. (2017). Sacred Ecology. Routledge. [4]New York.

36 Päßler, U. & Ette, O. (Hrsg.) (2020). Alexander von Humboldt: Geographie der Pflanzen. Unveröffentlichte Schriften aus dem Nachlass. J. B. Metzler. Tübingen. Zu Humboldt Naturverständnis vgl. Wulf, A. (2016). Alexander von Humboldt und die Erfindung der Natur. C. Bertelsmann. Gütersloh.

37 Ungar, P. (2023). »We Have Always Known«: On the Trails of People, Plants, and Humboldt. *Springs: The Rachel Carson Center Review* 3(1), 1–7 (6).

38 Renn, J. (2022). Die Evolution des Wissens. Eine Neubestimmung der Wissenschaft für das Anthropozän. Suhrkamp. Berlin. Seite 757, 759.

39 Kimmerer, R. W. (2020). Braiding Sweetgrass: Indigenous wisdom, scientific knowledge and the teachings of plants. Penguin Books. London.

40 Bayerische Staatsforsten. Nachhaltig Wirtschaften. Naturwald »Irtenberger Wald«. https://www.baysf.de/de/wald-schuetzen/bayerns-wilde-waelder/naturwaelder-bayerns-wilde-waldnatur/irtenberger-wald.html. (Aufgerufen am 07.08.2024).

41 Weber, M. (1975). Wissenschaft als Beruf. Duncker & Humblot. [6]Berlin. Seite 17.

42 Lipphardt, V. & Patel, K. (2008). Neuverzauberung im Gestus der Wissenschaftlichkeit: Wissenspraktiken im 20. Jahrhundert am Beispiel menschlicher Diversität. *Geschichte und Gesellschaft* 34, 425–454.

43 Vgl. dazu Moldaschl, M. & Stehr, N. (Hrsg.) (2012). Wissensökonomie und Innovation. Beiträge zur Ökonomie der Wissensgesellschaft. Metropolis. Marburg.

44 https://openaccess.mpg.de/Berliner-Erklaerung und https://openaccess.mpg.de/signatories.de. (Aufgerufen am 31.07.2024).

45 Wissenschaftlicher Beirat der Bundesregierung Globale Umweltveränderungen (2019). Unsere gemeinsame digitale Zukunft. WBGU. Berlin.

46 Renn, J. (2022). Die Evolution des Wissens. Eine Neubestimmung der Wissenschaft für das Anthropozän. Suhrkamp. Berlin. Seite 795.
47 Renn, J. (2022). Die Evolution des Wissens. Eine Neubestimmung der Wissenschaft für das Anthropozän. Suhrkamp. Berlin. Seite 765–766.
48 Whitmee, S. et al. (2015). Safeguarding human health in the Anthropocene epoch: report of The Rockefeller Foundation–Lancet Commission on planetary health. *The Lancet* 386, 1973–2028; Traidl-Hoffmann, C., Schulz, C., Herrmann, M. & Simon, B. (Hrsg.) (2021). Planetary Health. Klima, Umwelt und Gesundheit im Anthropozän. Medizinisch Wissenschaftliche Verlagsgesellschaft. Berlin.
49 Zum Folgenden Misof, B., Tockner, K. & Trischler, H. (2023). Die Bibliothek des biologischen, technischen und kulturellen Wissens – Warum brauchen wir eine integrierte Sammlungsinfrastruktur? *Bibliothek – Forschung und Praxis* 47, DOI: 10.1515/bfp-2023-0054; Trischler H. (2024). Helmuth Trischler, The research museum – a place of integrated knowledge production. *Science Museum Group Journal* 10(22), DOI: https://dx.doi.org/10.15180/242204.

VII. Wirtschaft: Biodiverse Ökonomie

1 Aus der Fülle der Literatur bes. Jones, E. (1981). The European Miracle. Environments, Economies and Geopolitics in the History of Europe and Asia. Cambridge University Press. Cambridge; Diamond, J. (1997). Guns, Germs, and Steel: The Fates of Human Societies. W. W. Norton. New York; Pomeranz, K. (2000). The Great Divergence: China, Europe, and the Making of the Modern World Economy. Princeton University Press. Princeton.
2 Weber, M. (1904). Die protestantische Ethik und der Geist des Kapitalismus. *Archiv für Sozialwissenschaft und Sozialpolitik* 20, 1–54.
3 Smil, V. (2020). Growth: From Microorganisms to Megacities. MIT Press. Cambridge & London. Vgl. auch Worster, D. (2016). Shrinking the Earth. The Rise and Decline of American Abundance. Oxford University Press. Oxford.
4 Vgl. hierzu und zum Folgenden Kocka, J. (2013). Geschichte des

Kapitalismus. Beck. München. Seite 20–22 mit weiterführender Literatur.

5 Marx, K. & Engels, F. (1848 [1984]). Manifest der Kommunistischen Partei. Dietz. Berlin. Seite 50–51.

6 Engels, F. (2022). Natur und Gesellschaft. Ausgewählt und kommentiert von Heinrich Detering. Reclam. Stuttgart. Seite 66–67; siehe auch Altvater, E. (2015). Engels neue entdecken. Das hellblaue Bändchen zur Einführung in die Dialektik der Natur und die Kritik von Akkumulation und Wachstum. VSA. Hamburg.

7 Meadows, D. H., Meadows, D.L, Randers, J. & Behrens, W. (1972). The Limits to Growth. A Report for the Club of Rome's Project on the Predicament of Mankind. Universe Books. New York.

8 Vgl. dazu Seefried, E. (2015). Zukünfte. Aufstieg und Krise der Zukunftsforschung 1945–1980. De Gruyter. Berlin & Boston. Seite 265–292.

9 Siehe dazu den guten Überblick von Schmelzer, M. & Vetter A. (2021). Degrowth / Postwachstum zur Einführung. Junius. [3]Hamburg. & Der Club of Rome hat zum 40-jährigen Jubiläum der »Limits to Growth« seine Prognosen für eine nachhaltige Gesellschaft bis zum Jahr 2052 erweitert: Randers, J. (2014). 2052. Der neue Bericht an den Club of Rome. Eine globale Prognose für die nächsten 40 Jahre. oekom. München.

10 Von dem schwedischen Humanökologen Andreas Malm bereits 2009 geprägt, haben vor allem Donna Haraway und der Geograf Jason W. Moore den Begriff des Kapitalozäns in die Öffentlichkeit gebracht: Haraway, D. (2015). Anthropocene, Capitalocene, Plantationocene, Chthulucene: Making Kin. *Environmental Humanities* 6(1), 159–165; Moore, J. (Hrsg.) (2016). Anthropocene or Capitalocene? Nature, History, and the Crisis of Capitalism. PM Press. Oakland; Moore, J. (2019). Kapitalismus im Lebensnetz: Ökologie und die Akkumulation des Kapitals. Mathes & Seitz. Berlin.

11 Lessenich, S. (2016). Neben uns die Sintflut. Die Externalisierungsgesellschaft und ihr Preis. Hanser. Berlin. Seite 81.

12 Die Zahlen werden vom Global Footprint Network errechnet: https://www.footprintnetwork.org/our-work/earth-overshoot-day/. (Aufgerufen am 10.08.2024).

13 Steffen, W., Broadgate, W., Deutsch, L., Gaffney, O. & Ludwig, C. (2015). The trajectory of the Anthropocene: The Great Acceleration. *The Anthropocene Review* 2(1), 81–98. Die Grafik aus dem Jahr 2015

ist jüngst in einem von Helmuth Trischler kosignierten Artikel um sechs weitere Faktoren wie Plastikproduktion und Fleischkonsum ergänzt worden, die alle das gleiche, um 1950 einsetzende exponentielle Wachstumsmuster zeigen: Zalasiewicz, J. et al. (2024). What should the Anthropocene mean? *Nature* 632, 980–984. Vgl. auch Stocker, C. (2023). Die Große Beschleunigung: Klimawandel, Digitalisierung, Wirtschaftswachstum – wie wir uns in einer sich exponentiell verändernden Welt behaupten können. Pantheon. München.

14 Rockström, J. et al. (2009). Planetary Boundaries: Exploring the Safe Operating Space for Humanity. *Ecology and Society* 14(2), https://doi.org/10.5751/ES-03180-140232; Richardson, K. et al. (2023). Earth beyond Six of Nine Planetary Boundaries. *Science Advances* 9(37): eadh2458, https://doi.org/10.1126/sciadv.adh2458. (Aufgerufen am 09.02.2025).

15 Dietzel, A., Bode, M., Connolly, S. R. & Hughes, T. P. (2020). Long-term shifts in the colony size structure of coral populations along the Great Barrier Reef. *Proceedings of the Royal Society B* 287, 20201432, http://dx.doi.org/10.1098/rspb.2020.1432. (Aufgerufen am 09.02.2025).

16 Langhammer, P. F. et al. (2024). The positive impact of conservation action. *Science* 384, 453–458.

17 Milkoreit, M. et al. (2018). Defining tipping points for social-ecological systems scholarship. An interdisciplinary literature review. *Environmental Research Letters* 13, 033 005.

18 Siehe dazu Otto, I. et al. (2020). Social tipping dynamics for stabilizing Earth's climate by 2050. *PNAS* 117(5), 2354–2365.

19 Kotz, M., Levermann, A. & Wenz, L. (2024). The economic commitment of climate change. *Nature* 628, 551–557.

20 Dasgupta, P. (2021). The Economics of Biodiversity: The Dasgupta Review. HM Treasury. London. https://assets.publishing.service.gov.uk/government/uploads/system/uploads/attachment_data/file/962785/The_Economics_of_Biodiversity_The_Dasgupta_Review_Full_Report.pdf. (Aufgerufen am 09.02.2025).

21 Hierzu und zum Folgenden Böhning-Gaese, K. & Bauer, F. (2023). Vom Verschwinden der Arten. Der Kampf um die Zukunft der Menschheit. Klett. Stuttgart. Seite 180–182.

22 KPMG (2022). Reporting the risk of biodiversity loss. https://kpmg.com/nl/en/home/insights/2023/11/reporting-the-risk-

from-biodiversity-loss.html. (Aufgerufen am 27.08.2024). Vgl. zum Folgenden Böhning-Gaese, K. & Bauer, F. (2023). Vom Verschwinden der Arten. Der Kampf um die Zukunft der Menschheit. Klett. Stuttgart. Seite 182–184.

23 EFRAG (2024). Implementation of ESRS. Initial Observed Practices from Selected Companies, July 2024. https://www.efrag.org/sites/default/files/media/document/2024-07/EFRAG_ESRS%20initial%20observed%20practices%20Q2%202024%20final%20version.pdf. Seite 5. (Aufgerufen am 27.08.2024).

24 Senckenberg Gesellschaft für Naturforschung, Museum für Naturkunde Berlin & Leibniz-Institut zur Analyse des Biodiversitätswandels (2022). Berliner Erklärung zum Weltnaturgipfel 2022. https://berliner-erklaerung.eu/. (Aufgerufen am 27.08.2024).

25 Dasgupta, P. (2021). The Economics of Biodiversity: The Dasgupta Review. HM Treasury. London. https://assets.publishing.service.gov.uk/government/uploads/system/uploads/attachment_data/file/962785/The_Economics_of_Biodiversity_The_Dasgupta_Review_Full_Report.pdf. Seite 219–221. (Aufgerufen am 09.02.2025).

26 Siehe dazu Mauch, C. (2019). Slow Hope. Rethinking Ecologies of Crisis and Fear. *RCC Perspectives. Transformations in Environment and Society* 1. Seite 1–43.

27 Verordnung (EU) 2024/1992 des Europäischen Parlaments und des Rates vom 24. Juni 2024 über die Wiederherstellung der Natur und zur Änderung der Verordnung (EU) 2022/869. https://eur-lex.europa.eu/legal-content/DE/TXT/?uri=OJ%3AL_202401991. (Aufgerufen am 27.08.2024).

28 Europäische Kommission (2019). Der europäische Grüne Deal. COM (2019) 640 final, 11.12.1919. https://eur-lex.europa.eu/legal-content/DE/TXT/?uri=COM%3A2019%3A640%3AFIN. (Aufgerufen am 27.08.2024). Zum Stand der Umsetzung siehe Trüe, C. & Scholz, L. (Hrsg.) (2023). The EU Green Deal and its Implementation. Nomos. Baden-Baden; Dyrhauge, H. & Kurze, K. (Hrsg.) (2023). Making the European Green Deal Work: EU Sustainability Policies at Home and Abroad. Routledge. London.

29 Raworth, K. (2017). Doughnut Economics: Seven Ways to Think Like a 21st Century Economist. Random House. New York; Raworth, K. (2018). Die Donut-Ökonomie: Endlich ein Wirtschaftsmodell, das den Planeten nicht zerstört. Hanser. München.

30 O'Brien, H. (2023). The planet's economist: has Kate Raworth

found a model for sustainable living? *The Economist*, 08.06.2023. https://www.theguardian.com/environment/2023/jun/08/the-planets-economist-has-kate-raworth-found-a-model-for-sustainable-living. (Aufgerufen am 09.02.2025).

31 Schlüter, K. et al. (2022). Die Donut-Ökonomie als strategischer Kompass. https://backend.repository.difu.de/server/api/core/bitstreams/c03fc211-2bfc-449e-9c5b-ea4c28ed0ec5/content. Seite 78 mit weiterführender Literatur. (Aufgerufen am 09.02.2025).

32 Biber, A., Raffel, T. & Tockner, K. (2024). The Biodiversity Advantage. Business Solutions and Investment Opportunities for Nature. Wir zitieren im Folgenden nach der deutschen Kurzversion.

33 Biber, A., Niamir, A., Raffel, T. & Tockner, K. (2024). Vorteil Biodiversität. Lösungsansätze und Investitionschancen im Einklang mit der Natur. https://www.feri-institut.de/media/trsbfggw/202407_vorteil-biodiversitaet_studie_kurz.pdf. Seite 3.

34 Biber, A., Niamir, A., Raffel, T. & Tockner, K. (2024). Vorteil Biodiversität. Lösungsansätze und Investitionschancen im Einklang mit der Natur. https://www.feri-institut.de/media/trsbfggw/202407_vorteil-biodiversitaet_studie_kurz.pdf. Seite 3. (Aufgerufen am 24.02.2025).

35 Braungart, M. & McDonough, W. (2013). Intelligente Verschwendung. The Upcycle: Auf dem Weg in eine neue Überflussgesellschaft. oekom. München.

36 Deutsche Gesellschaft Club of Rome (2012). Wachstum? Ja bitte – aber 2.0! 7 Thesen zur Wachstumsdiskussion 40 Jahre nach den »Grenzen des Wachstums. https://web.leitz-cloud.com/shares/file/00mTKCFox1k/. Seite 7. (Aufgerufen am 27.08.2023).

37 Heckl, W. M. (2013). Die Kultur der Reparatur. Goldmann. München.

38 Paech, N. (2012). Befreiung vom Überfluss. Auf dem Weg in die Postwachstumsökonomie. oekom. München.

39 Saito, K. (2023). Systemsturz. Der Sieg der Natur über den Kapitalismus. dtv. München. Seite 224–237.

VIII. Orientierung: Der biodiverse Imperativ

1 Vgl. zum Begriff und Konzept der Ligaturen Dahrendorf, R. (1985). Law and Order. Stevens & Sons. London. Seite 25–26; Dahrendorf, R. (1992). Der moderne soziale Konflikt. Essay zur Politik der Freiheit. DVA. Stuttgart. Seite 41.

Dank

Wissenschaft entspringt heute nur noch selten dem stillen Kämmerlein oder gar dem isolierten Elfenbeinturm akademischen Gelehrtentums. Sie entsteht in wissenschaftlichen Institutionen und Netzwerken, häufig über disziplinäre und geografische Grenzen hinweg. Und sie ist vielfach am Ziel ausgerichtet, mittelbar oder unmittelbar zur Lösung der großen Probleme und Herausforderungen der Gegenwart beizutragen, zu denen eine umfassende sozial-ökologische Transformation unserer Gesellschaft zählt. Neben die Interdisziplinarität und Transformativität von Wissenschaft tritt ihre Transdisziplinarität im Sinne der Einbettung und Einbindung unterschiedlicher Öffentlichkeiten, von der interessierten Fachöffentlichkeit bis zur allgemeinen Öffentlichkeit.

Interdisziplinarität, Transdisziplinarität und Transformativität kennzeichnen auch dieses Manifest. Es ist aus der Zusammenarbeit einer Biologin, eines Juristen und eines Historikers entstanden, und es ist von der tiefen Überzeugung getragen, dass wir als Wissenschaftlerinnen und Wissenschaftler uns nicht auf die vermeintliche Objektivität und Neutralität wissenschaftlichen Wissens zurückziehen können, sondern unsere in inter- und transdisziplinärer Forschung gewonnenen Erkenntnisse in politische und öffentliche Debatten einspeisen sollten.

Wie kam es zu unserer im akademischen Betrieb recht ungewöhnlichen Zusammenarbeit über so unterschiedliche Fachgebiete hinweg? Wir, Katrin und Helmuth, kannten uns bereits seit längerem aus der Zusammenarbeit der Forschungsmuseen in der Leibniz-Gemeinschaft. Und wir kannten uns auch aus der Leopoldina, der Nationalen Akademie der Wissenschaften, der wir beide als Mitglieder angehören. Wir, Jens und Helmuth, kannten uns schon ebenso lange aus der gemeinsamen Tätigkeit am Rachel Carson Center for Environment and Society, einem Zentrum für geisteswissenschaftliche Umweltforschung der Ludwig-Maximilians-Universität München und des Deutschen Museums. Eine Konferenz zum Thema »Zusammenleben im Anthropozän«, die wir im Oktober 2022 im Rahmen des Leibniz-Forschungsverbunds »Wert der Vergangenheit« im Deutschen Museum veranstalteten, brachte uns alle drei zusammen und auf die Idee, dieses Manifest gemeinsam zu schreiben. Wir ließen uns dabei inspirieren von dem kurz zuvor in deutscher Übersetzung erschienenen Buch *Die Naturschutzrevolution. Radikale Ideen zur Überwindung des Anthropozän* von Bram Büscher und Robert Fletcher, das ersterer auf der Konferenz zur Diskussion gestellt hatte. Im Zentrum ihres Manifestes steht der konviviale Naturschutz, der aus einer gleichberechtigten Koexistenz von Mensch und Natur entsteht. Wir haben diese Idee weitergedacht und daraus das Plädoyer für eine biodiverse Gesellschaft entwickelt, die auf dem Prinzip der konvivialen Nachhaltigkeit basiert.

Wir danken Ronja Steffensky, der Kommissarischen Leiterin des Leopoldina-Zentrums für Wissenschaftsforschung, und ihrem Team für ihre Ermutigung und Unterstützung in der weichenstellenden Anfangsphase unseres kollaborativen Schreibprojekts. Wir danken unserer ebenso umsichtigen wie erfahrenen Agentin Aenne Glienke, die uns mit dem Verlag Klett-Cotta zusammenbrachte. Was für ein Glücksfall! Bei Christoph Selzer und seinem Team waren wir in den bestmöglichen Händen. Seine engagierte, kompetente und umfassende Betreuung hat viel dazu beigetragen, dass *Rettet die Vielfalt* zu einem gut lesbaren Buch geworden ist.

Großer Dank gilt Alexander Geppert, Bernhard Gissibl, Daniel Hess und Fabienne Will, die erste Fassungen des Manuskripts kritisch gelesen und ausführlich kommentiert haben. Darüber hinaus danken wir Veronika Böhm, Sandra Drlje, Luisa Griesbaum, Elisabeth Kaupp, Lena Köhn, Friederike Wimmer, Eva Wrubel und Yue Zhou für vielfältige Anregungen und Kritik.